教育部思政创新发展中心（浙江树人学院）成果
“多跨协同的书院制学生社区治理机制研究”阶段性成果

大学生
心理健康与发展

主编 高秀苹 谢凌云 严伟伟 林依爽

ZHEJIANG UNIVERSITY PRESS
浙江大学出版社
·杭州·

图书在版编目（CIP）数据

大学生心理健康与发展 / 高秀苹等主编. —杭州：浙江大学出版社，2023.6（2025.7重印）
ISBN 978-7-308-23853-3

Ⅰ. ①大… Ⅱ. ①高… Ⅲ. ①大学生－心理健康－健康教育－高等学校－教材 Ⅳ. ①B844.2

中国国家版本馆CIP数据核字(2023)第095359号

大学生心理健康与发展

DAXUESHENG XINLI JIANKANG YU FAZHAN

高秀苹　谢凌云　严伟伟　林依爽　主编

策划编辑　汪荣丽
责任编辑　汪荣丽
责任校对　沈巧华
数字编辑　傅宏梁
封面设计　林智广告
出版发行　浙江大学出版社
（杭州市天目山路148号　邮政编码310007）
（网址：http://www.zjupress.com）
排　　版　杭州林智广告有限公司
印　　刷　杭州捷派印务有限公司
开　　本　787mm×1092mm　1/16
印　　张　12.25
字　　数　266千
版 印 次　2023年6月第1版　2025年7月第4次印刷
书　　号　ISBN 978-7-308-23853-3
定　　价　47.00元

《大学生心理健康与发展》
编委会名单

主　编　高秀苹　谢凌云　严伟伟　林依爽

副主编　董弋芬　胡韩瑜

编　委　（按姓氏笔画排序）

王　昭　王雷雷　朱砚屏　任思璇

周晓优　赵青芳　茹彦杰　衡秋歌

目录 CONTENTS

第一章 大学生心理健康导论

材料1-1
心理漫画第一话

案例 1-1

某高校新生报到的前一天，小雨幻想着大学生活的美好，心情无比激动，难以入眠。第二天一早，她就来到了学校报到处，一位长相甜美的学姐迎了过来，接过她手中的行李，并用三轮车帮她把行李运到寝室。小雨被学姐的热情所感染，内心感到无比温暖。来到寝室后，小雨发现已经有一名同学到了，她很想早点认识同寝室的同学，于是温柔地打招呼，可是那位同学（静静）只顾低头整理自己的物品，看都不看她一眼，这让小雨很尴尬，心想：是不是我说话的方式不对？还是我打扰到她了？为什么她不理我？有些郁闷的小雨也开始整理起自己的物品来。这时，另一名同学（乐乐）也到了，只见乐乐一进门就大声喊：哈喽，我的小伙伴们。静静仍然低头不语，小雨有些惊讶，感觉乐乐热情过头了，礼貌地对乐乐点点头。整理完行李，小雨就去校园里走走，她看着美丽的校园，闻着花儿的芳香，听着鸟儿啾啾的叫声，心情愉悦，对大学生活充满期待。

（注：本书案例姓名和情节纯属虚构，请勿对号入座）

案例思考

1. 为什么静静总是不搭理人？
2. 为什么乐乐对陌生的同学可以表现出如此高的热情？
3. 在小雨打招呼无果的情况下，她的情绪体验是怎样的？

第一节　心理健康概述

一、大学生的心理发展

（一）人的心理现象

活动体验

回忆一下，你第一天到大学报到的时候，看到了什么？听到了什么？想到了什么？感受到了什么？你的心情如何？你的室友给你的印象如何？把你的所感、所想填在下面的横线上。

感官体验：____________________

情绪体验：____________________

环境印象：____________________

人物印象：____________________

其他感受：____________________

在填写过程中，你会思考、回忆当时看到、听到、想到、感受到的环境与人物，并进行概括、归纳、总结，这个过程就呈现了非常多的心理现象，如感觉、知觉、思维、记忆、情绪等。案例 1-1 中的小雨会因过于激动而失眠，因被热情接待而感到温暖，因静静的冷淡而感到郁闷，因乐乐的过于热情而感到惊讶，看到美景、闻到花香会心旷神怡。我们用感官来体验、用心来感受、用大脑来思考，这些都是人的心理现象的呈现。可以说，人类生活的各个领域都有心理学的影子。

虽然心理学一直伴随着我们的生活，但人们对心理学还是会产生一些误解，比如，有人认为学过心理学的人会知道他人的心里在想些什么，或者认为心理学就是把人催眠，然后让被催眠的人做出一些奇怪的行为，也有人把心理学看作一门玄学，与算命相提并论。这些都是对心理学的误解。

心理学家为了让人们对包罗万象的心理世界有一个更为清晰的认识，采用了丰富多样的研究方法，对人类各种心理现象的内容和规律不断进行梳理研究，取得了丰富的研究成果。人的心理现象是人的心理活动及其表现形式，主要包括心理过程和个性两个方面。

心理过程是指在客观事物的作用下，心理活动在一定时间内发生、发展的过程，通常包括认知过程、情绪情感过程和意志过程三个方面。认知过程主要是指个体接受、储备、加工和理解各种信息的过程。比如，我们通过视觉看到黄澄澄的橘子，通过嗅觉闻到了橘子的香味，通过味觉感受到了橘子的酸甜，借助于感官体验，对橘子形成一个整体的认知。情绪情感过程是指个人对客观事物的态度体验及其相应的生理和行为反应。“人非草木，孰能无情”，我们的生活时时刻刻都充满着情绪，有时心情愉悦、有时悲伤难过、有时情绪烦躁、有时怒火中烧。意志过程主要是指人有意识、有目的、有计划地调节和支配自己的行为的心理过程。有人在面对挫折困难的时候，能勇敢面对，积极寻求解决办法；有人则稍有不如意，就怨天尤人、轻言放弃，这就是个人意志差异的体现。意志会直接影响人的外在行为，在现实生活中，那些可以给人带来成就感、自信感、幸福感的积极体验的行为，绝大多数是需要人们克服困难才能完成的。

个性包括个性倾向性和个性心理特征。个性倾向性是指人对客观现实的态度，是人进行活动的基本动力，如需要、动机、兴趣、理想、人生观、价值观等。个性心理特征是指心理活动进行时经常表现出来的稳定特点。例如，有的人性格敏锐、有的人粗枝大叶；有的人思维灵活、有的人反应迟钝；有的人办事果断、有的人优柔寡断；有的人热情似火，有的人冷漠如冰。这些差异体现在个人能力、气质和性格等方面。

（二）人的心理发展

个体出生后，随着身体的成长，心理也在发展。心理发展是指个体心理的成长与变化，不同年龄段的人有不同的生理和心理特点。人的心理发展是人类发展的一个重要部分。许多心理学家对人的心理发展规律和特点进行了深入研究，发现可以将人一生的心理发展划分为几个阶段，每个阶段都有各自的特点，每个阶段的变化过程和速度大体上是稳定的。

美国心理学家埃里克·埃里克森提出的人格发展八阶段理论，是被普遍认可的一种理论。他认为，人的心理发展既受到生物学因素的影响，也受到文化和社会因素的影响，且个体的发展与周围的环境之间相互作用，按照一定的顺序，分阶段地向前发展。每个阶段都有其特殊的目标、任务和冲突，一个人从出生到死亡，心理发展经历了相互连续的八个阶段，每个阶段都有一种确定的危机，都以一个特定的任务为特征。如果要使随后的发展正常进行，这一阶段的发展任务就需要很好地完成。

第一阶段为婴儿期（0～2 岁）。在本阶段，婴儿的主要任务是满足生理上的需要，发展信任感，克服不信任感，体验着希望的实现。如果照顾者对婴儿的需求比较敏感，能够及时给予满足，婴儿体验到身体的满足和内心的安全，就会对周围环境产生一种基本的信任感。如果照顾者没有给予恰当的照料，婴儿的需求时常得不到满足，则会对周围环境产生不信任感，即怀疑感。

第二阶段为儿童早期（2～4 岁）。这个阶段的儿童主要是获得自主感，克服羞怯和疑虑感，体验着意志的实现。“让我来做”成了这一时期儿童的主流话题，他们表现出较强的自我控制的需要和倾向，已经不满足于停留在狭窄的空间内，而是渴望去探索新的世界。如果父母过于限制或者嘲笑孩子的能力，则可能让孩子产生羞怯或怀疑。

第三阶段为学前期或游戏期（4～7岁）。本阶段儿童的主要任务是获得主动感，克服内疚感，体验着目的的实现。日益增强的语言和运动能力使这一时期的儿童把活动范围逐渐扩展到他们的家庭环境之外，并开始追求自我利益和动机的活动。他们在游戏活动中执行着自我的功能，在解决各种矛盾中体现出自我治疗和自我教育的作用。

第四阶段为学龄期（7～12岁）。本阶段的任务主要是获得勤奋感，克服自卑感，体验着能力的实现。儿童的活动重心从家庭开始转向学校，如果在学习上获得成功并得到赞扬，那么他们就会形成勤奋的倾向；如果他们的努力没有得到回报，而是遭受了批评、贬低或嘲笑，那么他们就会怀疑自己的能力，从而产生内疚感。

第五阶段为青年期（12～18岁）。这一阶段的任务是建立自我同一性，防止同一性混乱，体验着忠实的实现。处于这一阶段的青年需要对自己是谁，在社会上应该占有什么样的地位，将来准备成为什么样的人以及怎样努力成为理想中的人等问题进行探索，把当前的处境和未来的想象统合起来，形成统一的自我认知。如果无法形成一种积极的自我同一性，那么他们就会产生角色混乱，角色混乱的青少年常常会焦躁不安。

第六阶段是成年早期（18～25岁）。本阶段的发展任务是获得亲密感，避免孤独感，体验着爱情的实现。在这一阶段，个体感到自己生活中有亲近他人、分享爱和友谊、建立亲密关系的需要。如果没有办法在这一阶段和他人建立起亲密关系，很多人会陷入深深的孤独中。

第七阶段为成年中期（25～50岁）。本阶段的发展任务是获得繁殖感，避免停滞感，体验着关怀的实现。这时男女建立家庭，关心和指导下一代成长，产生一种繁殖感。缺乏这种体验的人会倒退到一种假亲密的需要，沉浸于自己的天地之中，一心专注于自己而产生停滞感。

第八阶段为老年期（50岁以后）。本阶段的发展任务是获得完善感，避免失望、厌倦感，体验着智慧的实现。如果这时对自己的一生比较满意，完全接受自己，则会产生一种完善感。反之，个体就会充满焦虑和失望，对人生感到厌倦。

根据埃里克森人格发展八阶段理论，大学生正处于人格发展的第五阶段末和第六阶段，主要发展的课题是自我同一性和亲密关系的建立。这一时期，大学生要积极对自己进行深入的探索和思考，建立起积极的自我同一性，清楚自己未来努力的方向，并享受友谊、恋爱等人际关系，顺利地完成这个阶段的发展任务，克服同一性混乱和孤独的危机，为以后的人生发展奠定良好的基础。

二、大学生心理健康概述

（一）心理健康的内涵及标准

1. 心理健康的内涵

案例 1-2

小 E 自高三开始，就经常性地失眠，常常凌晨两点才睡着，四点不到就醒了，每天都觉得生活没有意思，注意力不集中，情绪非常低落，但是为了高考，她一直咬牙坚持，以为高考结束就好了。但是高考结束后，失眠的情况没有好转，她仍然对什么事都提不起兴趣，天天宅在家里，不想出门。进入大学后，和寝室同学相处不好，经常因为卫生、作息习惯等问题发生冲突，因为没有朋友，小 E 在大学校园里感到更加孤独。她实在忍受不了，就给妈妈打电话诉说自己的痛苦。妈妈却说："你有的吃有的穿，身体健康，不要整天胡思乱想。"

在案例 1–2 中，小E的内心非常痛苦、失眠严重、情绪低落，且持续了相当长的一段时间，这些都说明她的心理健康受到了较大的影响，但是她的妈妈却认为，这是因为她总想些不开心的事，而不认为她有心理方面的困扰。类似的观念在不少大学生家长中是十分常见的，这就导致很多大学生在深受心理困扰的时候，不能获得父母的理解，从而更加痛苦。但如果是小E的身体出现状况，她的妈妈就会非常着急，劝她赶紧就医。因此，小E的妈妈并不是不爱她，只是更加重视身体的健康，却忽视了小E的心理健康状况。

那什么是心理健康呢？早在 1946 年，第三届国际心理卫生大会就指出："心理健康是指在身体、智能以及情感上与他人的心理健康不相矛盾的范围内，将个人心境发展到最佳状态。"这也是国际公认的对心理健康的界定。从定义中可以看出，身心平衡、情感理智和谐是一个健康人的必备条件。英国《简明不列颠百科全书》则将心理健康解释为：个体心理在自身及环境条件许可的范围内所能达到的最佳机能状态，但并不是十全十美的绝对状态。我国心理学家樊富珉将心理健康定义为，人的基本心理活动的过程、内容完整、协调一致，即认识、情感、意志、行为、人格完整和协调，能顺应社会，与社会保持同步。

根据以上国内外心理学家所述，心理健康意味着：在认知上，能够客观认识世界、自我和他人；在情绪情感上，能够有效管理和调控自己的情绪；在意志上，能够拥有坚强的意志品质和抗挫能力；在行为上，能够保持独立性和适应性。只要知、情、意、行协调一致，人格就会相对稳定。

2. 心理健康的标准

关于心理健康的判断标准，仁者见仁，智者见智。接下来，我们就一起来看看心理学家们是怎么判断一个人是否心理健康的。

第三届国际心理卫生大会具体描述了心理健康的标准：

（1）身体、智力、情绪十分协调。

（2）适应环境、人际关系良好。

（3）有幸福感。

（4）在生活、工作中，能充分发挥自己的能力，有效率感。

美国心理学家马斯洛和米特乐曼提出了十条心理健康标准：

（1）有足够的安全感。

（2）能充分地了解自己，并对自己的能力做出恰当的评价。

（3）生活的目标能切合实际。

（4）与现实环境能保持接触。

（5）能保持人格的完整与和谐。

（6）具有从经验中学习的能力。

（7）能保持良好的人际关系。

（8）适度的情绪表达及控制。

（9）在不违背团体要求的情况下，能做有限的个性发挥。

（10）在不违背社会规范的前提下，能适当满足个人的基本需求。

我国心理学家江光荣认为，心理健康的人具有以下特征：

（1）客观的自我认识和积极的自我态度。

（2）客观的社会知觉和建立适宜的人际关系的能力。

（3）生活的热情和有效解决问题的能力。

（4）人格结构具有协调性。

总的来说，心理健康的标准主要从自我认知、与他人的关系、与环境的关系、人格协调性和学习的能力等几个角度进行评估。一个人能够拥有客观的自我认识、和谐的人际关系，能够适应并改造环境，具备协调的人格特征和不断学习的能力，就可以认为其处于心理健康的状态。

3. 大学生心理健康的标准

虽然心理健康有一定的标准，但是不同年龄段的人在心理健康标准的具体内容方面还是会有一些差异。比如，一个 3 岁儿童因为得不到想要的玩具，而在超市里大哭大闹，我们并不会认为这个孩子心理不健康，但是，如果一个大学生因为没能在超市买到自己想要的物品而倒在地上哭闹不止，我们便会觉得这个大学生心理有些不健康。国内不少学者对大学生的心理健康标准进行了研究，如桑志芹教授认为，当代大学生的心理健康标准主要包括五个维度，即基本心理能力、内外协调适应、情绪情感稳定、角色与功能协调、良好的学习能力。马建青教授结合多年的研究，根据心理健康的定义、标准，结合大学生自身所处的年龄、阅历、学习和生活环境，以及面临的人生发展任务，提出大学生的心理健康标准主要有以下六个方面。

材料1-2 心理健康自测

（1）合理的自我认知。对大学生来说，能够客观地评价自己，既能认识到自己的优势，又能看到自己的缺点，能够接纳当前的自己，并努力发展自己，提升自己的能力。

（2）坚强的意志。一个心理健康的大学生，能够自觉地确定目的，并根据目的来支配、调节自己的行动，克服遇到的各种困难，从而实现目标，而不是一遇到挫折就逃避。拥有坚强的意志，可以让大学生做事有决心、有动力，更能促进行动。

（3）积极、稳定的情绪。拥有积极、稳定情绪的大学生，并不是没有情绪的波动，而是在产生情绪时，能够通过恰当的方式表达情绪，能够用一定的方法控制情绪，不会因为一些小事情就情绪失控，能够通过心智的提升，增加积极情绪的比重，降低消极情绪的比重。

（4）健全的人格。拥有健全人格的大学生，应当知、情、意、行协调一致，能够以辩证的态度看待世界、他人、自己，能够辩证地看待过去、现在和未来，能够辩证地看待顺境和逆境。

（5）和谐的人际关系。心理健康的大学生会积极构建和谐的人际关系，在与人交往时，既能保持独立，又能调整自己与他人相适应；既能准确地体察别人的想法和感受，又能良好地表达自己；既能客观地评价他人，又善于与他人合作。他们具有良好的人际交往能力，愿意享受人际的亲密。

（6）良好的适应能力。大学生进入新的环境后，能够积极调动自身资源，主动了解新环境的特点，并接受和适应新的环境。在面对不理想的环境时，能够不逃避，不退缩，而是根据现实环境，及时调整，或者在有能力的时候，对现有的不理想环境进行改造，以达到人与环境的和谐。

（二）树立科学的心理健康观

虽然心理健康的相关研究和知识已经得到了极大的普及，但仍然有不少大学生对心理健康存在一些误解。大学生要树立科学的心理健康观，就要对心理健康有一个更深入、更具体的认识。

1. 心理健康与不健康是一个连续的动态变化状态

人的心理健康不是一种静止不变的状态，大学生的心理健康也是如此。当一个心理健康的大学生，突然遭遇失恋，他可能变得意志消沉，情绪低落，失魂落魄，上课注意力不能集中，做什么事都提不起兴趣。在这个时候，他的心理健康状态显然受到了很大影响，没有失恋之前那么健康了。然而，随着时间的推移，在家人、朋友的陪伴和安慰下，他的情绪得到了一定的恢复，他开始把生活的重心转向学习，并获得了一等奖学金，他又变得活泼开朗，对生活充满了希望，这时的他心理状态更好。因此，对大学生来说，学业、恋爱、人际关系、家庭等都会影响心理健康状态。一个心理健康的大学生，可能受一些因素的影响而进入心理不健康的状态；一个心理不健康的大学生，通过自我调适、求助他人等方式，也能恢复到心理健康的状态。

2. 心理健康的标准是一种理想的尺度

不少大学生在学习了心理健康的标准之后，会发现好像很少有人能够达到。其实，心理健康的标准尺度更重要的是为我们指明努力的方向。人本主义心理学家罗杰斯曾说过："美好的人生是一个过程，而非一种存在状态；它是一个方向，而不是一个目的地。"所以，现实生活中，极端心理健康的大学生是少数，心理不健康的大学生也是少数，心理健康在大学生中是一种常态。

3. 心理健康的人也会有负面情绪

一些大学生认为，心理健康的人是不会有负面情绪的，每天都是心情开朗，遇到事情也不会生气，其实这是大大的误解。一个人在遇到让人气愤的事情时，会感到愤怒，遇到伤心的事情时，会感受到悲伤，这才是真正的心理健康的人。当然，在负面情绪被觉察到后，心理健康的人能够恰当表达情绪，适度管理情绪，让自己尽早从负面情绪中走出来，而不是一直沉溺在负面情绪之中。所以，当你感到悲伤、愤怒、委屈的时候，不要压抑自己的情绪，显得自己好像没有负面情绪一样，那不是心理健康的状态，反而会因为压抑，让自己的心理变得不健康。

三、影响大学生心理健康的主要因素

影响大学生心理健康的因素非常复杂，既有个体内在因素的影响，又有外在环境的作用。就大学生自身的年龄特点和心理发展特点而言，影响其心理健康的主要因素可以概括为以下几个方面。

（一）生理因素

个体的生理疾病或缺陷，如身体残疾、白癜风等，对大学生的自我评价、性格、人际交往、恋爱、就业等均会产生较大影响。大学阶段是青年人自我意识发展与完善的关键时期，如身材、相貌等方面的问题都会引起大学生内心较强烈的情绪，有些女生可能会因为身材过胖而自卑，甚至可能会因此过度节食，患上神经性厌食症；也有些男生可能会因为长得矮而自卑，不敢追求自己喜欢的女生。另外，酒精、尼古丁、咖啡因等精神活性物质的摄入，尤其是过度摄入，不仅会影响身体的健康，还可能损害正常的心理机能，严重者甚至会引发物质成瘾或物质依赖。

（二）心理因素

大学生在十几年的成长过程中，逐渐形成了自己独特的心理特征，如性格、价值观念、兴趣、能力、意志力等。在日常生活中，有些大学生在面对困难挫折时，总是畏缩不前、试图逃避，对他人的评价非常敏感，很容易受到伤害，好似有一颗玻璃心，一碰就碎；也有的大学生在遇到挫折时，能勇敢地迎接挑战，对生活充满希望，对他人抱有积极的看法。有些大学生热情大方，胸怀坦荡，而有些则敏感多疑，处处提防。有些大学生性格内向，不善于与人交往，有些则活泼开朗，善于交朋友。种种不同的心理特征，对大学生的情绪、人际关系、自我认知、亲密关系、学业等都会产生一定的影响。

（三）环境因素

许多心理学研究已经证明，早期的生活经历，特别是原生家庭对个人性格起着至关重要的作用，对个体的生活会产生长期、深远的影响。

家庭在个体早期生活经历中占主要地位。通常父母对个体的影响最大、最长久。一个人在未成年之前，没有独立生活的能力，必须依赖别人，认知发展也不完善，出于生存的本能，都会主动适应周围的环境，熟悉和模仿父母的生活和认知方式，久而久之就把早期父母的生活模式无意识地带到自己成年后的生活中。父母的教养方式、亲子相处模式、同胞之间的关系、家庭氛围、家庭变故等都会对个体的心理发展产生一定的影响。

学校则是对个体产生影响的另一个重要因素。从上幼儿园开始，到高中毕业进入大学，学校都是个体生活、学习的重要场所。教师的态度、同伴关系、班级风气等都能影响个人的心理健康，如在学校里曾经遭遇过校园霸凌的学生，内心受到的创伤会影响其未来的人际交往，被教师鼓励、温暖过的学生，更加信任老师，也有更强的学习动力。进入大学之后，人际关系，尤其是寝室关系，是影响大学生心理健康的主要因素之一。不少大学生会因为和寝室同学相处不好，内心郁郁寡欢，甚至影响睡眠和学习。另外，学业压力、就业压力、网络环境、社会环境等也影响着大学生的心理健康。

第二节 大学生心理健康的维护

心理健康状态会随着身体健康、生活环境等的变化而产生变化。在大学生活中，大学生可能面临来自多方面的影响，对自身的心理健康状态要不断地维护。维持身体的健康状态、提升心理健康意识、掌握心理调适方法、构建社会支持系统和寻求专业人士帮助等，都是维护心理健康的重要渠道。

一、维持身体健康状态

相关研究表明，身体健康和心理健康相互影响，且身体健康是心理健康的重要基础。大学生要维持身体的健康状态，首先要坚持体育锻炼。研究已经证实，体育运动对大学生的心理健康有积极的影响。体育锻炼可以调节紧张情绪，改善生理和心理状态，恢复体力和精力，让我们能精力充沛地投入学习生活中去。另外，体育锻炼还可以舒展身心，陶冶情操，增强自信心，培养大学生团结、协作的集体主义精神。但当前不少大学生喜欢宅在寝室打游戏、玩手机或学习，吃饭也不去食堂，常常叫外卖，运动量明显不够。作为一名大学生，应当清楚体育锻炼对身心健康的重要性，因此要自觉地进行体育锻炼，维护身心健康。

二、提升心理健康意识

大学生要维护心理健康，首先要主动学习心理健康相关知识，根据自身心理发展特点和需要，主动查阅相关图书，浏览心理专业网站、微信公众号和专业视频资料等，掌握基本的心理知识，提高对自己心理状态的认识。在掌握心理健康基本知识的基础上，要对自己的心理健康状态保持关注，当自己受到一定的心理困扰时，及时采取一定的措施，让自己从困扰中走出来，不要在心理困扰已经严重影响正常生活时，还不管不顾。大学生保持好的心理健康状态，有助于提高学习效率、增强生活的幸福感。

三、掌握自我调适方法

大学生可以通过学习应对心理困扰的方法与技巧，帮助自己在面对困扰时，有能力进行积极应对。心理学中许多有效的调适方法，通过自主学习就基本能够掌握，比如正念训练、放松练习、负性自动思维识别与消除、焦点解决技术等，在日常生活中，熟练运用这些方法，培养积极的思维习惯，可以有效缓解负面情绪，帮助大学生应对一些发展性的心理困扰。

四、构建社会支持系统

人是社会的人，总是处于社会关系之中。对大学生来说，与之较为密切的社会关系主要有家庭、朋友、同学、老师（如辅导员、班主任、导师等），这些重要的社会关系形成了一个社会支持网络，当你遇到困难的时候，可以寻求帮助。有些大学生社会支持系统较好，遇到困难需要求助时，可以找到很多有效的支持者，也有些大学生社会支持系统较弱，打开手机，翻看良久，仍然找不到一个可以寻求帮助的人。大学生在平时应注重对社会支持系统的构建，积极主动地与他人建立联系。当然，大学生不能总是让别人来帮助自己，也可以成为他人的有效支持，和同学、朋友、家人在相互支持、相互分担、相互照顾中克服困难，享受美好。

五、寻求专业人士帮助

当自己已经非常努力在调适，并且周边可以支持自己的人的帮助也不奏效的情况下，大学生还可以寻求专业人士的帮助，如学校的心理咨询师、医疗机构的精神科医生、心理治疗师和社会上的心理咨询机构。至于如何选择，可以根据自己心理困扰的程度、经济条件和咨询师的专业性进行综合评估，选择适合自己的。

第三节 科学看待心理咨询

案例 1-3

静静，大一女生，有一个年龄相差 6 岁的弟弟。父亲是一名电子工程师，母亲是中学教师。因为高考失利，她没能进入自己理想的大学，内心无法释怀。进入大学后，她一直都入睡困难，容易惊醒，情绪低落，认为自己非常没用，生活没有意义，对学习感到厌烦，也不想跟人交往，每天通过打游戏消磨时间。父母平时更多的是关心弟弟，对她关心较少，还经常批评指责她高考成绩太差，太没出息，为此，她也经常跟父母争吵。她觉得这个世界上没有人爱她、关心她，也不知道自己为了什么而活着。她经常跟高中关系最好的闺蜜诉苦和抱怨，说她所读的大学多么不好，即使读完毕业，这辈子也没什么出息。高中同学给了她一些安慰，让她“既来之，则安之”，但是，她仍然感到非常痛苦，无法心安。同学建议她可以到学校心理咨询中心找心理咨询师聊聊，但是静静认为，心理咨询中心是有精神疾病的人才去的，自己好端端的，就是找不到努力的意义而已，不用去心理咨询中心。而且，她认为心理咨询不过就是讲讲大道理，对自己的帮助不大。

在案例 1-3 中，静静因为高考失利而沮丧，虽然已经进入大学学习，但仍心有不甘；虽然会向同学倾诉，但仍无法释怀。同学建议她寻求心理咨询师的帮助，但静静对心理咨询抱有一定的偏见。其实，大部分学生在面对发展性困扰的时候，可以通过自己的努力获得解决，然而，也有部分学生，即使努力调整，也无法从痛苦中走出来，这时就可以考虑寻求心理咨询师的帮助。

一、心理咨询的内涵

心理咨询是由受过心理咨询训练的专业人员，运用心理学的知识、理论和技术，针对来访者的各种适应与发展问题，通过协商、交谈、启发和指导等，帮助来访者达到自立自强、增进心理健康水平和提高适应能力的目的。提供心理咨询服务的一般称为心理咨询师，接受心理咨询服务的一般称为来访者。

心理咨询是大学生解决心理困扰的重要求助途径。当前，绝大部分高校都设立了心理咨询中心，为校内师生提供心理咨询服务，且面向校内师生的咨询大都不收取费用，有些学校寻求心理咨询的学生太多，为了公平起见，设置了一些限制条件，如原则上每个学生一学期只能咨询 6～8 次，根据情况确定是否增加咨询次数。

为了方便学生，高校的心理咨询也探索了多种形式，如面询、电话咨询、网络咨询、邮件咨询等。除了一对一的个案咨询外，也有团体心理咨询。团体心理咨询主要是让有相似困扰的人在团体中获得帮助。大学生可以根据自己的情况选择合适的咨询途径。

大学生常见心理咨询的内容主要包括人际关系困扰、恋爱情感困扰、自我认识困惑、亲子矛盾冲突、学业困扰、就业困惑等方面，还有部分大学生患有某类心理疾病，需要在规范就医的情况下，辅助心理咨询。

二、心理咨询的原则

不少大学生会担心，心理咨询师会把他们在咨询室里说的话告诉其他人，因此，不愿意去心理咨询。其实，心理咨询是一项专业的工作，有着基本的工作原则。

（一）保密原则

保密原则是心理咨询工作中最为重要的原则，它要求心理咨询师尊重和保护来访者的隐私。当然，保密原则也不是无条件和无限度的，《中国心理学临床与咨询心理学工作伦理守则》（第二版）规定，通常有以下三种情况需要突破保密：①心理咨询师发现来访者有伤害自身或伤害他人的严重危险；②未成年人等不具备完全民事行为能力的人受到性侵犯或虐待；③法律规定需要披露的其他情况。

（二）时间限定原则

常常有大学生提出，希望能与心理咨询师聊几个小时，认为这样可以聊得透彻，但是心理咨询不能这样设置，它是有时间限制的。一般情况下，一次咨询时长为 50 分钟，除有特殊情况外，一般不能随意延长咨询时间。限定时间是很有必要的，50 分钟的时长，对咨询师来说，可以保证认真、专注，如果时间过长，咨询师就很难保持有效工作了。

（三）地点限定原则

对于到心理咨询室进行咨询，不少大学生是比较抗拒的，他们更愿意在咖啡厅、茶室，或者小亭子里咨询，这样的场合可以让他们感到更加放松。但是，心理咨询有地点限定原则，咨询的地点就要在咨询室内。这样设置的原因主要有两个：一个是咨询室环境相对安静，不会受到外界的干扰，可以安心地谈论个人议题；另一个是强化咨询师和来访者的边界，避免咨询师和来访者在咨询室之外的接触和交往，避免咨询师失去客观的立场，也避免来访者产生依赖咨询师的想法。

（四）感情限定原则

心理咨询师在咨询过程中要始终保持客观身份，尊重来访者，不能把个人的想法、判断强加给来访者，也不能为来访者做决定。在心理咨询期间，原则上禁止心理咨询师与来访者进行心理咨询室以外的任何私人交往。心理咨询师也不能在咨询中寻求个人情感和实际利益（如接受来访者的请客吃饭、送礼等）的满足和实现。

（五）尊重来访者原则

原则上讲，到心理咨询室求助的来访者必须完全出于自愿，这是建立良好咨访关系的先决条件。没有咨询愿望和要求的人，咨询师是不能主动地去找他并为其提供心理咨询的。

心理小贴士

什么时候可以寻求心理咨询

1.进入大学后，对新环境适应困难。

2.学习压力大，情绪痛苦，又无力自我调节。

3.过分自卑，经常为此感到心情压抑。

4.在人际交往方面存在困扰（如社交恐惧、人际冲突、人际孤独等）。

5.与家人之间关系紧张，感到巨大压力。

6.与恋人之间的关系紧张，渴望通过咨询改善。

7.因身体患有某种疾病而产生较大心理压力。

8.经历挫折后，精神一蹶不振。

9.经常性地厌食或暴食。

10.想要进一步探索自我、提升自我。

三、心理咨询的流程

大学生如果要预约学校的心理咨询，需要知晓心理咨询的预约流程。不同高校的心理咨询中心，在预约方式上也稍有不同。有些高校是网络预约，有些则是通过电话、邮件等方式预约。不管具体形式如何，一般都要经过三个流程：首先，提出预约需求，告知自己想要预约的时间和咨询师；其次，等待预约情况反馈，确定咨询时间；最后，预约完成后，按时到指定咨询室进行心理咨询。

有些学生特别希望能够随时到心理咨询中心接受咨询，因为当下情绪最痛苦，很想立即有人能够给予帮助。但是咨询师提供心理咨询需要有所准备，这样才能更专注地为来访的学生服务。另外，在预约等待期，学生可以将自己要与咨询师探讨什么样的问题进行整理和思考，有利于咨询师更好地了解你的咨询目标。因此，提前预约也是为了培养大学生延迟满足的能力。有些大学生一遇到情绪烦躁或者痛苦时，就立即求助，这样并不利于个人的成长与成熟；有些大学生在预约心理咨询的时候情绪非常痛苦，但是过了一两天就没那么痛苦了。所以，除了危急情况，一般心理咨询需要提前一天预约。

四、正确理解心理咨询

作为一名大学生，要科学地认识和看待心理咨询，知晓心理咨询的基本知识，消除对心理咨询的误解。

（一）心理咨询不是简单的聊天

有些大学生认为心理咨询就是聊天，这其实是对心理咨询的误解。在心理咨询的过程中，心理咨询师要在心理咨询理论的指导下，理解来访者的认知、情绪、行为等心理特点，专注地倾听、共情来访者的痛苦，并运用心理学专业技术帮助来访者发现自己的问题及其根源，从而挖掘来访者本身潜在的能力，改变来访者原有的认知结构和行为模式，以提高其对生活的适应性和周围环境的调节能力。因此，心理咨询和朋友聊天、亲友劝解安慰等是有一定区别的。

（二）心理咨询不是万能的

有些大学生非常崇拜心理咨询师，认为心理咨询师可以解决一切心理问题，只要有心理困扰，去做心理咨询就可以“药到病除”，这显然是夸大了心理咨询的作用。心理咨询只是帮助人们解决心理困扰的方法之一，其效果与咨询师的专业能力、来访者的求助动机强度、咨询师与来访者的匹配度都有一定的关系。心理咨询并不是每次都能达到好的咨询效果，因此，大学生去寻求心理咨询师的帮助时，需要了解咨询师的专业能力、自己在咨询过程中的感受，及时向咨询师反馈自己好的与不好的变化。当你觉得心理咨询不能帮助到你时，可以考虑换一个咨询师，或者去医院寻求心理治疗师的帮助。

（三）心理咨询不丢人

有关研究发现，大学生在遇到心理困扰时，更愿意寻求朋友、家人的安慰，较少的人才会选择心理咨询，主要是因为他们认为心理咨询是一件丢人的事情，意味着自己很脆弱，会被人看不起。实际上，当你遇到了无法解决的困扰时，去寻求专业帮助是一种非常勇敢且对自己负责任的行为。如果任由痛苦发展下去，不仅影响正常的生活、学习和人际交往，严重的还可能会发展成心理疾病，这就得不偿失了。

（四）心理咨询不是直接给出解决办法

大学生在心理咨询过程中，讲完自己的苦恼之后，往往紧跟着一句话：那你说我该怎么办？急于从痛苦中走出来的心情是可以理解的，但是通常情况下心理咨询并不是立即、直接地给出解决办法，而是帮助大学生理解自己为什么会有当前的困扰，如何在接纳、理解、领悟的基础上，寻找适合自己的解决办法。

自我探索

找一找你所在学校的心理咨询中心在哪里，如何预约，都有哪些咨询师。除了学校心理咨询中心外，你还能找到哪些专业的心理咨询服务机构。将你搜集到的相关信息进行整理，获得对当前心理咨询服务的整体感受与认知，并将相关信息填在表 1–1 和表 1–2 中。

表1–1　学校心理咨询中心的求助途径

名称	地点	预约方式	联系电话

表1–2　其他心理咨询机构的求助途径

名称	地点	预约方式	联系电话

拓展阅读

1.《心理学与生活》（作者：理查德·格里格和菲利普·津巴多）

心理学是一门与人类幸福密切相关的科学

此书是美国斯坦福大学多年来使用的教材。2003 年，北京大学心理学系 18 名教授通力合作，将该书翻译成中文。该书自出版以来，迄今已经修订 19 次。作者对我们日常生活中常常出现的心理现象进行了生动的阐释，通俗易懂，把心理学理论与知识和人们的日常生活与工作联系起来。该书是大众了解心理学的极好读物，作者形象地将使用该书学习心理学知识的过程比喻为一次“智慧的旅行”，选择它，相信你一定不虚此行。

2.《登天的感觉：我在哈佛大学做心理咨询》（作者：岳晓东）

心理咨询不同于一般的安慰，因为它不仅要使人开心，更要使人成长

岳晓东博士在哈佛大学做心理咨询师期间，接待了遇到各种心理困扰的学生来访者，他对10个心理咨询个案进行了深入分析，编入此书。作者展现了大学生常见的心理困扰，以及采用心理咨询的方式帮助他们解决困扰的过程。本书生动幽默、通俗易懂，不仅适合心理学专业的人士参考，也适合大学生阅读。在读书的过程中，你会感受到情感上的共鸣、思维方式上的转换、认知上的调整，犹如飞翔在云端。

材料2-1
心理漫画第二话

第二章 大学生心理适应

案例 2-1

开学报到后的第一天晚上，小雨就深感不适。她觉得宿舍的床太硬，辗转反侧睡不着。深夜，听着室友们此起彼伏的呼噜声，迷迷糊糊不知道几点才睡着。第二天一大早起床，小雨浑浑噩噩地跟着同学们去食堂吃早餐，却发现饮食差别很大。自己平时饮食口味偏重，但是食堂早餐偏清淡，于是，随便买了一些，匆匆对付两口。进入教室，她发现没有班主任老师一直陪着大家，同学们也是自己看书或者看手机，显得有些“疏离”，和高中时同学们之间熟悉热闹的场景截然不同。她想和同学们交流一下，却发现大家都十分客气，而且都显得很匆忙，本身就有点内向的小雨不知道怎样才能和同学们熟悉起来，觉得愈发困惑。

转眼开学已经有一段时间了，学业繁重得超出自己的想象，小雨觉得压力很大。除此之外，高中可以一心学习，大学还要兼顾生活的方方面面，得自己洗衣服、充饭卡、准备日用品等，她愈发觉得心情郁闷。

案例思考

1. 初入大学，小雨遇到了哪些适应困扰？
2. 你在刚进入大学的时候，是如何适应大学生活的？

第一节 适应概述

一、适应的含义

“适应（adaptation）”一词最早出现在拉丁文中（adaptatus），意为调整、改变，指当所处的环境发生变化时，个体会以改变自身内部结构的方式来适应新的环境系统，从而达到与环境相协调的一种状态。

适应原本是生物学科中的一个基本概念，是指随着外界环境的改变，生物通过调整自身的内部系统及相关的外部活动，从而达到与外界环境相互平衡、协调的状态。蔡文辉、李绍嵘在《简明英汉社会学辞典》一书中这样解释适应一词：因外界环境的变化，有机体通过改变自身与环境相协调的过程。而著名生物学家达尔文对适应也有经典的解释——物竞天择，适者生存。随着科学的发展，适应一词逐渐被沿用到心理学、社会学等领域。

在心理学领域，适应指的是在一定环境条件下生活的个体，由于周围环境的影响，做出一些调整，并反过来对它所生存的生活环境产生一定的影响，以达到认识环境、改造环境和发展自我的目的，是一种与周围环境动态平衡的过程。

在社会学领域，适应指的是个体根据所处的社会环境，调整自己的内在认知和外在行为，从而适应社会环境并对其产生影响的动态过程，包括个体在克服艰难险阻时、在适应社会需求时、在不同的社会环境中等，对自己原有的认知进行调整以及改变原有的行为习惯等。比如，人类从母体中出生，需要适应从被羊水包围的环境到被空气包围的环境；刚刚步入学习阶段，需要适应从被家人包围的环境到和其他小朋友一起生活的集体环境；参加工作之初，也要适应从学生身份到员工身份的认知改变等。

根据不同的维度，适应可以分为不同的类型。根据适应的效果可以分为积极适应和消极适应，根据适应的态度可以分为主动适应和被动适应。

二、适应的过程

适应，归根到底是一个过程。我们都知道，人从黑暗走向光明，眼睛适应光线的变化，需要一个过程。而人对环境的适应，也需要一个过程。达尔文的“物竞天择，适者生存”理论，同样适用于人对环境的适应过程。从心理学角度研究，适应的过程主要包括几个步骤：一种需要（或动机）的存在；阻止这种需要得到满足的阻挠的存在；个人提供的一个又一个克服这些阻挠的各种各样的行为反应方式；最后有一种反应缓解了紧张情绪，使问题得以解决。

（一）需要

根据著名心理学家马斯洛的需要层次理论，人类的需要可以分为五个层次。

1. 生理需要

人类最基础的需要是生理需要，如食物、水、空气、生理平衡等，可以使人类生生不息繁衍下去。

2. 安全需要

人类满足生存繁衍的生理需求之后，就有了安全的需要。人类需要保障自己的人身安全、生活稳定，免受痛苦、威胁或疾病的困扰，需要有金钱的支撑等。人类需要安全地生存下去，不能每天生活在恐惧、威胁、贫困中。例如，在新冠疫情暴发后，人类会采取一定的疫情防控措施，以满足工作、生活、学习的安全需要。

3. 社交需要

人类可以安全地生存下来之后，就会有社交需要。人类有友谊、爱情及其隶属关系的需要。也就是说，人类需要有对象可以交流、分享生活中的喜怒哀乐。实际上，人们都希望得到别人的爱和友谊，希望被他人接纳、认可。如果一个人完全被孤立，那么他可能会感到紧张或不安。

4. 尊重需要

人类对尊重的需要包括自尊和来自他人的尊重。人类需要通过获得信心、能力、自由等来保障个体的自尊。同时，人类也需要通过获得成就、名声、地位和晋升机会等，以得到他人的尊重。如果人类没有自尊或者不能得到他人的尊重，就可能会产生紧张、失望等情绪波动。

5. 自我实现的需要

人类最高层次的需要是自我实现的需要。人类需要更充分地发挥自己的能力，更加全面、自由地实现自我价值。

（二）阻挠

阻挠是指个体不能利用其现有的习惯机制来满足其已产生的需要的情况。例如，临近午饭时间，你想吃午饭，根据你的习惯机制，按时吃午饭，即可满足这个生理需要。但是，老师突然拖堂了，没有按时下课，你不能按时吃午饭，也就不能按照你的习惯机制满足吃午饭的需要。老师拖堂导致你无法按时吃午饭，就是对需要得到满足的阻挠。当阻挠产生时，人们便会产生不同程度的紧张与焦虑情绪。对需要得到满足的阻挠大致可以分为以下三类。

1. 环境变化的阻挠

环境变化可能会打破我们的习惯机制，成为阻挠。例如，当你已经熟悉了高中的生活环境，步入大学，你会发现，大家的住宿环境发生了变化、饮食习惯发生了变化、学习方法发生了变化等，这些都会影响你对大学生活的适应，甚至会出现适应不良的现象。

2. 个人缺陷的阻挠

人类可能在生理上、心理上、能力上存在某些缺陷，这些缺陷就是阻挠。例如，一个人想考驾照，但是他天生红绿色盲，这样的生理缺陷阻挠了他考驾照的需要。再如，一个人想成为一名优秀的短跑运动员，在体育赛事中为国争光。但是，受体能等限制，经过长期的专业训练，他的极限跑步速度依然很慢，导致他无法成为专业运动员，这种能力的限制就是个人缺陷的阻挠。

3. 一些相反需要的阻挠

人类可能同时存在两个及以上的需要，这些同时存在的需要，可能是一些相反的需要，导致一些需要反而成为另一些需要的阻挠。例如，你想考研，需要早起复习，但是睡得太晚，早上实在起不来。早起复习的需要和睡觉的需要同时存在，又互相冲突，不能同时满足，想睡觉就成为早起复习的阻挠。

（三）克服阻挠的行为反应

当满足需要存在阻挠，人会自发地使用我们的习惯机制去解决问题，克服阻挠。进入大学，学生脱离原来熟悉的生活环境，会有很多的不适应。但是，很多学生会自发地采取一些行为反应，调整自己，尽快适应新的生活环境，而且大家的第一反应是用自己的习惯机制去解决问题。例如，入学报到当天，晚上洗漱时，发现没有带牙膏，你肯定会有一些应对行为去解决这个问题。大家在之前的生活环境中，遇到没有牙膏的情况，如果习惯于去超市购买一支新的牙膏，那第一反应肯定还是去超市购买，且在选购牙膏时，更倾向于自己常用的品牌。

如果习惯性机制无法解决现有问题，大家就会不断地尝试，不断地变更自己的行为反应，直到取得成功。如果大家采取一系列克服阻挠的行为反应，仍然无法解决现有的矛盾、阻挠，且存在适应不良现象，就会出现紧张、焦虑、沮丧等不良情绪，从而影响我们的身心健康。我们既要学会努力克服阻挠的方法，也要学会寻求他人的帮助，协同克服阻挠，更要学会克服不良情绪。

（四）适应

从心理学的角度看，如果一个问题造成的紧张感缓解了，就相当于解决了这个问题。适应不良问题的解决，也可以从这个角度去理解。如果引起适应不良的紧张感缓解了，就相当于解决了适应不良问题。

进入大学，很多学生会有不适应。例如，大家可能会觉得学习方法和高中时差别很大。特别是刚开学，觉得自己跟不上老师的节奏，学习方面感觉很紧张。这时，大家肯定会想办法去解决这个适应不良问题：有些学生会及时调整学习方法，消除学习紧张感，这在一定程度上可以解决适应不良问题；有些学生会寻求老师的帮助，和老师沟通、倾诉自己的困扰，经过老师的安抚，会缓解学习紧张感，这也能在一定程度上解决适应不良的问题。

第二节 大学生常见的适应困扰

活动体验

作为一名大一新生，从入学至今，你有哪些不适应的现象呢？请你想一想，填写在下面的横线中。

____

____

____

对于这些不适应的现象，你采用了哪些方法来克服？请把你的方法填写在下面的横线中。

____

____

____

从学习非常紧张的高中，步入时间相对宽松、自由的大学，学习和生活发生了翻天覆地的变化。面对这种变化，有些学生很快就适应了，但也有些学生适应不良。大学生常见的适应不良主要包括生活环境、学习环境、人际环境、心理环境等几个方面的不适应。

一、生活环境方面

（一）住宿环境不适应

一些学生在上大学之前没有住过学校宿舍，家里有自己的独立卧室，进入大学，要与其他同学共享一间宿舍，会碰到诸如个人活动空间相对较小、东西太多放不下、宿舍采光通风太差、隔音效果不好等问题，这些都会带来各种不适应。同在一个宿舍，有些学生喜欢在听音乐、打游戏、看视频时外放声音，而有些学生喜欢安静；有些学生习惯早睡早起，而有些学生习惯晚睡晚起，早晚作息差异，容易导致同学之间产生一些小矛盾；还有些学生睡觉打呼噜、说梦话等，会对一些睡眠浅的同学产生影响。这些看似很小的问题，可能会导致很多学生因不适应大学住宿环境而出现适应不良的状况，长期下来，会对其身心健康发展产生不良影响。

（二）财务管理不适应

很多学生高考之后，家长都会让他们实现一定意义上的“财务自由”。特别是上了大学之后，家长都会给子女生活费，有些家长是一个月给一次生活费，有些甚至一次性给一个学期的生活费。随之而来的问题是，学生通常都缺乏理财经验，不知道该如何合理地分配自己的生活费。而学生之间存在的攀比行为，以及受当今社会种种不良消费观、价值观、金钱观的影响，导致近些年一些学生出现过度消费的现象。

案例 2-2

小 A，大一新生，家庭条件一般。同一个宿舍的同学家庭条件都非常好，他们经常网上购物，买护肤品、衣服，这让小 A 非常羡慕，同时又感到非常自卑。渐渐地，她感觉很难融入室友中，看她们三个人在宿舍里高谈阔论，谈笑风生，而她一点都插不上嘴，这让小 A 非常痛苦和孤独，同时也激发了她的虚荣心和攀比心。她希望可以像她们一样拥有很多东西，甚至要买比她们更好的东西。在这种攀比心理的作用下，她很快花光了父母给她的生活费。为了能够继续买买买，她下载了好几个可以贷款的 App，经常用这个 App 借来的钱还另一个 App 上的欠款。拆东墙补西墙的日子没过多久，她就发现根本运转不过来了，钱总是不够还，而且利息越来越多，不到半年时间，她就欠下了 20 万元的贷款，还被很多人恶意催债，家人也深受催债电话的骚扰。

在案例 2–2 中，小 A 由于自卑、攀比的心理，超前消费，还以贷款的方式来满足自己的虚荣心，最终欠下巨额贷款，被债主催债。目前，各高校、各地公安机关，对近些年高校出现的非法贷款现象，加大了整治力度，也希望同学们要引以为戒。

（三）饮食习惯不适应

我国幅员辽阔、地大物博，南北差异明显，每个地区都有自己的饮食特色。大学生一般从全国各地聚集在一起，同学之间有着截然不同的饮食习惯。北方人习惯吃面食，口味偏重，而南方人习惯吃米饭，口味偏清淡；四川、湖南、江西等地饮食喜辣，广东、浙江等地饮食喜甜等。很多同学都是第一次到大学所在地生活，相当于来到一个完全陌生的城市生活，他们可能不习惯大学所在地的饮食，觉得高校食堂的饭菜“不可口”，从而造成“水土不服”，思乡之情就会更加浓烈。

二、学习环境方面

无论是学校教学方式，还是学习内容、学习方法等，大学都与中学不同。中学时期的教学目标是让学生可以考上大学，以老师主动教授为主，而到了大学，很多老师只是上课时讲授，其他时间需要大家自学，很多同学表示不适应大学的学习方式，甚至不知道大学该如何学习，因此，产生迷茫甚至厌学心理。

（一）教学方式差异带来的困扰

进入大学后，老师不再像中学时那样与学生维持紧密的联系，教学模式也从教师主导变成了以学生为主导的自学模式。大学的教学，更强调启发自学式教育，老师在课堂上讲授的时间相对较少，讲课的速度比较快，讲授的知识内容跨度大；学生不仅要消化理解课堂上学习的内容，还要大量阅读相关方面的图书和文献资料。这些教学方式上的差异，让刚进入大学的学生一下子很难适应。

（二）教学内容差异带来的困扰

相较于高中而言，大学课程名目繁多。不像高中，每学期都是学习语文、数学、英语等课程，大学每学期学习的课程内容都不一样。同时，大学课程分为必修课和选修课。一般而言，基础性的知识，如数学、英语等，以及专业的知识，如各专业的专业课等，都是必修课程。而一些学生感兴趣的课程或者对专业课程有辅助学习作用的课程，则会作为选修课，选修课需要大家根据自己的兴趣和专业学习特点，自行安排。

（三）学习方法差异带来的困扰

大学基本上是自主式学习，因每位学生的专业素养和兴趣爱好不同，可能会选择不同的选修课，这就需要每位学生能够制订适合自己的学习计划，需要自己安排学习时间。有的同学缺乏主动学习的能力，不会制订学习计划，不会安排学习时间，一方面抱怨课程太多，另一方面又抱怨课后没事做。

三、人际环境方面

许多同学在与大学里的新同学接触时，总习惯拿高中好友的标准来加以衡量，由于心理上对老朋友的依赖，常常觉得大学里的同学不合心意，因此，在交往时往往采取被动接受的态度，从而妨碍了同学间的沟通和交流。还有不少同学都带着一种“大学里很难交到真心朋友”“大学同学都很功利”等想法与新同学进行交往，防范心理较强，一般不会轻易地把自己的真实想法讲出来，也不会轻易吐露自己的真情实感。另外，大学同学来自五湖四海，性格特点、兴趣爱好、生活习惯、价值观等都或多或少存在差异，交往起来，难免会产生一些小摩擦，这也让不少大一新生感到不适应。

四、心理环境方面

（一）理想与现实的差距

很多学生在高中时一直是班里的优秀学生，经常得到老师、家长的表扬。进入大学后，发现周围的同学成绩都很好，而且不少同学还有一定的特长，相比而言，自己不再是老师、同学关注的核心人物，也没有突出之处，心理产生较大落差，会有自卑感。有些同学高中时对大学生活充满各种美好的幻想，进入大学之后，发现很多事情都不如自己的预期，甚至和自己的预期相差很大。理想和现实的巨大差距，也会使他们产生心理上的不适应。

（二）自由与空虚的矛盾

与高中时期目标明确、充实忙碌、管教严格的生活相比，进入大学后，很多同学开始拥有了较多的自由支配时间，但忽然不知道自己要干什么，不知道自己未来要做什么，内心十分迷茫，没有明确的目标，缺乏前进的动力。一些学生因此产生厌学心理，没有学习的动力和兴趣，逐渐开始在课堂上玩手机、发呆等，甚至出现旷课情况。课后更是无所适从，不知道自己应该干什么。常常一边在宿舍打游戏消磨时间，一边内心感到十分焦虑。

（三）独立与依赖的冲突

进入大学后，不少同学渴望能够主宰自己的学习、生活，希望自由地表达自己的想法，做自己愿意做的事情，摆脱环境的束缚，不再希望被父母、老师约束，成人意识、自由感和独立感都大大增强。但是，大学生还不具有独立的社会人的性质，没有独立的经济能力，也没有独立的思维能力，心理上、生活上、经济上对父母形成的长期依赖还难以彻底摆脱。一方面渴求自由，另一方面又习惯于依赖外部力量，这是部分学生出现适应性问题的内在原因。

第三节　大学生提高适应能力的方法

一、养成积极思维的习惯

有些同学习惯以消极的思维看待周围的一切。进入大学后，他们看到的都是不好的一面，如学校还没有高中的面积大，宿舍离教室太远，学校名气不够大，以后毕业了很难找工作等。但很多同学还是会以积极的思维看待大学生活，虽然宿舍离教室很远，但是走路可以锻炼身体；虽然校园不够大，但麻雀虽小，五脏俱全。到了一个新的环境，如果能以积极的思维方式，看到这个新环境中好的一面，与新环境产生积极的情感连接，那么就更愿意去适应它了。

材料2-2
“心想事成”是真的吗

心理小贴士

焦点解决思维

焦点解决是焦点短期心理咨询的简称。在理念上，焦点解决尊重个人自身的资源以及能力，以此为导向，运用积极、正向的理念引导来访者改变自己的观点。焦点解决思维和传统问题导向思维不同，其思维方式是聚焦解决问题，以一种发展的视角来看待问题。这种思维模式把遭遇问题看成个体或事物成长发展中的一种必然。当我们遇到问题的时候，它更强调我们已经为朝着理想做了什么努力，我们已经具备了什么经验（资源），如果要朝着目标前进一步，我们可以做些什么样的尝试。简单来说，焦点解决思维的思考步骤可以分为"澄清目标—挖掘资源——一小步行动"。首先澄清你想要达到的目标，如你想要尽快适应大学生活，或者能够在大学收获更多的知识和朋友。其次是挖掘资源，如果你的目标是想尽快适应大学生活，那么你就要找找看，周围有什么资源可以帮助你实现这一目标，比如高年级的学长、辅导员、班主任老师等都可以给你分享一些经验，那么这些人就可以成为你的资源。如果想要充分获得这些资源来帮助你，那么就要开始行动，只想不做是没有用的。想一想，在挖掘到可以帮助你的资源后，你可以做的一小步行动是什么？

另外，焦点解决思维还有很多种问句，可以帮助我们澄清内心的想法，主要有以下几种。

成果问句。成果问句主要是引导大家朝着正向、未来及解决导向进行思考，在咨询中主要用来引导来访者表达清楚咨询的目的。在生活中，你也可以通过这种问句来引导自己，思考自己想要达到的目标。如：我的生活发生了什么改变，才会让我感觉到我已经适应大学生活了？

奇迹问句。奇迹问句主要是通过想象问题已经得到解决后的美好愿景，再结合其他问句，引领我们思考如何由目前的处境向此愿景靠近。如：一觉醒来，奇迹发生了，我初入大学遇到的各种不适应都迎刃而解，那么生活会与之前有什么不同？

例外问句。例外问句主要是引导我们去看问题不发生或者发生了但在不严重的时刻，并探讨这些时刻是怎么发生的，以及开发过去成功的解决方法并判断是否可以运用到当下。如：在进入大学的这一个月里，有哪些时刻是我感觉比较适应的？以前刚进入高中的时候，有出现过类似的不适应吗？当时我是怎么解决的？我还做了哪些有帮助的事情？

评量问句。评量问句以 1 至 10 分为量尺来评估当前的愿景、目标所处的分值。如能够很好地适应大学生活，分值为 10 分，完全不能适应大学生活，分值为1分，那么当前我的不适应状况可以打几分？何以能在这个分数，而不是更低的分数？如果能再提高1分，会与现在有什么不同？我需要做些什么才能够提高1分？

关系问句。关系问句主要是通过寻找我们的重要他人，并运用到我们自己的互动脉络中的一个问句，激发我们的现实感，寻找外在资源。如：如果我询问好友，他们会对我的处境提出什么建议？

二、树立主动适应的态度

我们脱离原来熟悉的环境，进入新环境，有一定的不适应是正常的。但是，我们应该端正态度，采取积极的心态，主动去应对、适应不良现象。

（一）主动了解学校

进入大学后，你可以去校园各个地方走一走，看一看，找一找食堂在哪里，熟悉上课的教室怎么走，图书馆的书应该如何借取，尽快地熟悉校园环境。因为在熟悉的环境中，你会更有安全感。除了了解校园环境之外，还可通过学校的网站、微信公众号、视频号等了解学校、学院的整体情况，如学校的一些规章制度，清楚哪些底线是不能触碰的，评优评奖的条件有哪些等。

（二）主动了解专业

对于自己所选的专业究竟要学什么、学了之后可以做什么，很多同学并没有一个清晰的了解。初入大学，可以向学长、学姐、老师等了解专业的具体情况，如询问如何才能学好这个专业、专业的就业前景如何等。一些同学对所选择的专业不是很满意，有转专业的想法，那么应尽早了解学校的其他专业，找到自己喜欢的专业，并关注学校的转专业政策，根据政策要求积极做好准备。

（三）主动认识新同学

高中时我们有很多熟悉的同学、朋友和老师，可是进入大学，面对的都是陌生的面孔，大家可能会十分想念他们，进而陷入人际关系适应不良的情境中。但是，天下没有不散的筵席，所谓团聚是相对的，终究要分离。我们应该调整好心态，学会接受离别，同时去接受新的同学和老师，结识新的朋友，丰富我们的生活。大学的同学来自五湖四海，每个人都有不同的生活习惯。我们要尊重他人的习惯、善待他人、多替他人着想，从他人的角度出发思考问题，构建和谐的人际关系。

三、提高独立生活的能力

（一）提高基本的生活自理能力

大学应该锻炼自己独立生活的能力，掌握必备的生活技能。自己洗衣服、整理物品，能把生活安排得井井有条。勤动脑、勤动手，建设一个良好的生活环境，这能够让你慢慢地变得独立、能干。

（二）培养自主解决问题的能力

在大学里，大家会遇到很多新的问题，如怎么和寝室同学维持良好的关系，专业课应该如何学习，与同学发生冲突怎么办等，这些都需要你及时处理。有些同学遇到问题，第一时间想让父母帮忙想办法，但父母并不能帮你解决所有问题，因此，应该摒弃“等、靠、要”的思想，想办法自己解决问题。

四、养成良好的行为习惯

（一）养成良好的作息习惯，保障充足的睡眠时间

一些学生远离父母，没有父母的约束，开始放浪形骸，晚上打游戏、看小说、看电影到半夜，导致早上起不来，上课经常迟到，久而久之影响学习成绩。进入大学，我们应该养成良好的作息习惯，早睡早起，保证充足的睡眠时间。我们应该改变懒惰懈怠的思想，按时上课，科学合理地安排好自己的课余时间。开学初制定明确的目标和详细的实施规划，并一步步地实现自己的目标。

（二）培养高效的学习习惯，提高学习效率

大学不像高中可以跟着老师的节奏进行学习、复习，每个人都要制订自己的学习计划，养成高效的学习习惯，提高自己的学习效率。每位同学要根据自己的实际情况，结合自己的人生目标，制订合理的学习计划，如将自己大学四年的目标进行划分，制订每学年、每学期、每个月的详细学习计划。同时，应该注重基础的积累，不能急于求成，学习不是一蹴而就的，我们需要由易到难，稳扎稳打，经常查漏补缺，发现自己的不足，积极改进。我们应主动寻求适合自己的学习方法，多向身边的老师、同学请教，掌握学习方法和技巧，提高学习效率，注意理论与实际相结合，善于创新。

五、发展一些兴趣爱好

有些同学在压力大的时候喜欢运动，这个解压方式非常好。大家可以充分利用学校的运动场地积极锻炼，在锻炼中释放自己的压力。有些同学在压力大的时候喜欢唱歌，这也是很好的解压方法。大家可以在寝室无人的时候或者去校园中不容易打扰别人的地方，尽情歌唱。如果你没有任何兴趣爱好，那么可以培养一个，并坚持下去。

六、善于求助，乐于助人

刚进入大学，同学之间都不熟悉，如果你看到身边的同学遇到困难，可以主动去帮助他。每个人都有自己擅长的领域，比如你比较擅长维修电脑，就可以积极主动地帮大家解决系统重装、电脑死机等问题。但你不善于识路，刚开学时经常会走错教室，

那么你也可以积极主动地向身边的同学寻求帮助。这样就能建立和谐融洽的人际关系，有助于改善大家的环境适应不良情况。

自我探索

想一想，大学的第一个学期，你希望自己实现哪些目标？

找一找，周围有哪些资源可以帮助你实现目标？

写一写，为实现目标，你可以开展的第一个行动是什么？

拓展阅读

1.《如何成为卓越的大学生》（作者：肯·贝恩）

最重要的不是你上了哪所大学，而是在大学你做了什么最应该做的事情

作者肯·贝恩经过30余年的持续研究，深入采访了诺贝尔化学奖得主达德利·赫施巴克、《哈利·波特》作者J. K. 罗琳、掌上电脑发明人杰夫·霍金斯等数十位名人，探讨了这些极具创新精神的人是如何通过大学教育改变他们的思维方式，如何通过大学教育帮助他们做出睿智而关键的决定，最终脱胎换骨，成长为生机勃勃、富有创造力的人。阅读这些名人的大学生活故事，对你如何度过大学生活一定有所帮助。

2.《建构解决之道：焦点解决短期治疗》（作者：许维素）

一个人会被过去影响，但不会被过去决定

此书是由焦点短期治疗领域专家许维素所撰写，不仅萃取了近年来焦点解决短期治疗相关文献的精华，还汇合了许维素投入焦点解决短期治疗近20年的心得。书中展现的焦点解决的理念、技术，不仅仅对相关专业人士具有重要的学习价值，而且对于大学生来说，焦点解决的思维方式、基本理念以及问话技术，在自己平时遇到困扰的时候，也可以提供一些思路和方法，帮助自己以目标为导向，积极寻求资源，解决困难，达成目标。

材料3-1
心理漫画第三话

第三章 大学生学习心理

案例 3-1

小雨进入大学已经一个多月了，她对学校的环境逐渐熟悉了，生活状态也安稳了下来。不过，对于学习，小雨有了一些烦恼。

中学时，小雨的成绩不错，她希望能考入一个好大学，因此，每天都十分努力地学习——上课认真听讲、课后认真复习、及时完成作业，平时也常和身边的同学讨论理想的大学，并相互鼓励。现在，小雨虽然进入了自己理想的大学，但是仍然有些失望：大一有很多基础课程和自己的专业不相关，不太合自己的“胃口”；有很多课程，老师的讲课速度很快，一节课讲很多内容，常常听完就忘了；听学长学姐说，现在就业压力越来越大；课堂上有的同学常常开小差、玩手机。渐渐地，她对于专业学习感到迷茫，不知道该学些什么，也不清楚该怎么学。

案例思考

1. 小雨遇到了哪些学习上的困扰？
2. 导致这些学习困扰的影响因素有哪些？
3. 你曾经遇到过类似的困扰吗？你是如何解决的？

第一节 学习概述

一、学习

对于“学习”一词，大家并不陌生，在生活中使用频繁。例如，“玉不琢，不成器；人不学，不知义”“好好学习，天天向上”等。那么，什么是学习呢？在日常生活中，我们通常把获取知识、技能的活动理解为学习，如吸收文化知识、参加技能培训等。然而，心理学中所定义的学习则有更为丰富的内涵。

（一）学习的定义

在心理学中，不同研究者基于不同视角，对学习的定义也有所不同。当前，学者普遍认为，学习是个体在特定情境下由于反复练习或经验而产生的行为或行为潜能比较持久的变化。可以从以下三个方面对学习加以理解。

1. 学习的发生是由经验引起的

所谓经验，指的是个体后天通过多次实践得来的知识或技能。学习的发生是由经验引起的，例如，通过练习学会了骑自行车。遗传或生理原因引起的变化则不是学习，例如，新生儿身上存在许多反射活动，这些反射活动是由遗传决定的，不属于学习；又如，随着肌肉、神经系统的发育，婴儿开始会翻身、爬行等，这些变化源于生理成熟，也不属于学习。

2. 学习导致行为或行为潜能发生了变化

有时候，学习导致的变化可以立即表现在外部行为当中，能够直接被观察到。例如，当你学会了游泳，就可以直观地看到学习前后行为上的改变，从不会游泳到会游泳。有时候，学习导致的变化未必立即表现在外部行为当中，不容易被观察到，这是一种行为潜能的变化，会影响未来的一些行为。例如，当你浏览了一些因违反交通规则而发生交通事故的资讯后，对其中的惨状大惊失色，于是形成了一定要遵守交通规则的意识和态度。

3. 学习导致的变化是相对持久的

学习导致的变化是相对持久的，而不是“短暂”的，这种持久性变化表现在“跨场合”和“跨时间”两个方面。例如，某个同学学会了打篮球，那么不论是在球场上还是在球场外，不论是今天还是明天，他都具有打篮球的能力。当然，“持久性”的变化并不等于“永久性”的变化，例如，学会打篮球之后，如果长期不运动，技能就会生疏，水平就会下降。

（二）学习的心理学理论

学习是如何发生的呢？不同学派的心理学家结合各自的研究，提出了不同的理论来解释学习现象。在这里，我们介绍几个比较经典的学习理论，为大家认识和理解“学习”这一现象提供一些视角。

1. 经典性条件作用的学习

经典性条件作用虽由苏联生理学家巴甫洛夫提出，但在一开始，巴甫洛夫要做的并不是心理学研究，而是纯粹的生理学研究，因此，这一条件作用的发现可以说是源于“偶然”。巴甫洛夫的生理学研究主要以狗为被试对象，目的是探索唾液在消化中的作用。在研究中，巴甫洛夫和助手会把各种可食用或不可食用的物品放入狗的口中，从而检测唾液的分泌情况。随着研究的进行，巴甫洛夫观察到了一些“出乎意料”的现象。例如，在食物放入狗的嘴里之前，狗就已经开始分泌唾液了，乃至后来，只是给狗呈现盛放食物的容器、让狗听到助手的脚步声，它也能分泌唾液。这一现象，很难用纯粹的生理学来解释。

之后，巴甫洛夫设计了一系列实验，并提出了经典性条件反射理论。其中，为人熟知的是狗听到“节拍声”会分泌唾液的“节拍器”实验。在实验中，狗得到食物会自动分泌唾液，这是一种自然的生理反应，无须条件刺激，所以食物被称为“无条件刺激”；一开始，狗听到“节拍声”并不会分泌唾液，这时“节拍声”称之为“中性刺激”；而后，将“食物”和“节拍声”同时呈现，并重复多次，最终，哪怕只是听到“节拍声”，狗也会分泌唾液，这时，“节拍声”就成了“条件刺激”。狗听到“节拍声”会分泌唾液，就是“学习”的结果。而这种学习过程，就是经典性条件作用的学习。即“中性刺激”与“无条件刺激”结合，最终，“中性刺激”变成了“条件刺激”，引起条件反射（见图 3–1）。经典条件反射可以解释很多的心理现象，如一些恐惧反应，研究者也是基于此开发了治疗恐惧反应的方法。

2. 操作性条件作用的学习

操作性条件作用由美国心理学家斯金纳提出，其观点是行为的结果对行为有着强烈的影响，其所关注的是不同的行为结果如何决定某一行为是否会再次出现。斯金纳认为，学习的实质就是一种反应概率的变化。前文所述的经典条件作用，关注的是一些由刺激引发的、不自觉的行为，而操作性条件作用关注的则是一些自发的行为，即由机体自身发出的，而非特定的环境刺激所引发的行为，又称为操作性行为，如小孩自发地摆弄各种物品。在斯金纳的操作性条件作用理论中，有几个重要的概念——强化、惩罚、消退。

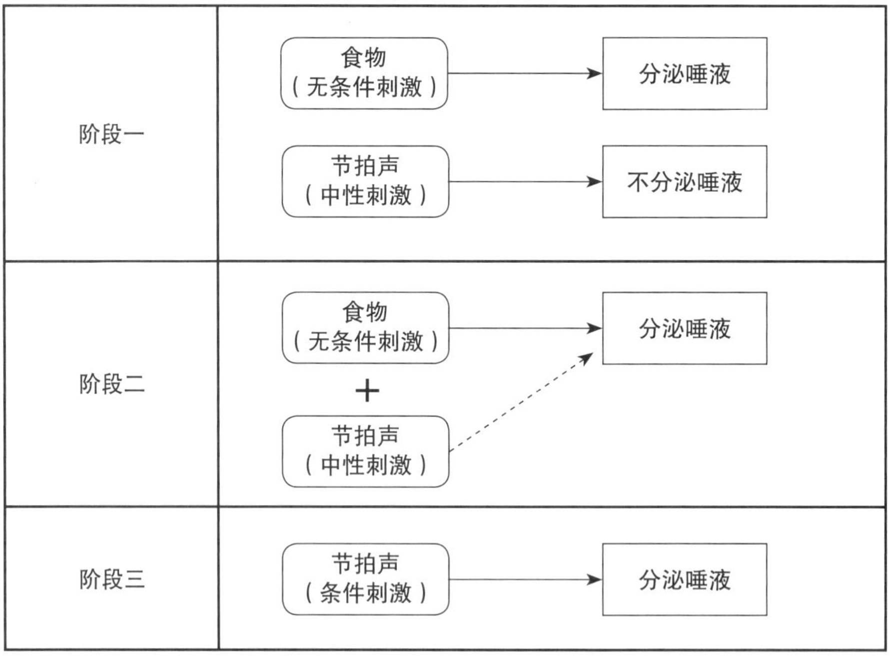

图3-1　经典性条件作用示意

强化指的是在操作性行为发生后，通过操作刺激物，增加行为发生的概率。强化可以分为正强化和负强化。正强化是指当一个操作性行为发生后，呈现愉快刺激，增加行为发生的概率，例如，学生上课遵守纪律（操作性行为），老师给予表扬（愉快刺激），遵守纪律的行为更易发生。负强化则是指消除厌恶刺激，让行为发生的概率增加，例如，有的学生对早自习感到厌恶，学校制定政策，如果通过了英语六级考试，就可以申请不上早自习（消除厌恶刺激），于是提升了学生学习英语的积极性。惩罚指的是在操作性行为发生后通过操作刺激物，降低行为发生的概率。与强化相似，惩罚也可以分为两种，一种是通过呈现厌恶刺激，让行为发生的概率降低；另一种是通过消除愉快刺激，让行为发生的概率降低。消退则是无强化的过程，指的是过去一些受到强化的行为，因为强化物不再出现，行为发生的概率降低。例如，孩子为了获取玩具向父母哭闹，父母不予无端地让步，从而矫正孩子的行为。不过，消退的过程并非稳步减弱，取消强化物之初，行为通常会增强，随后减弱直至消失。

斯金纳的操作性条件作用为行为塑造提供了重要的启示，不过研究显示，惩罚对于消除行为来说并不十分有效，惩罚的运用需要慎重，我们提倡在学习活动中可以有意识地运用强化的原理来管理自己的行为习惯。

3. 学习的信息加工论

前文所述的经典性条件作用与操作性条件作用的关注点都在行为，而信息加工论则更关注学习时学习者大脑内部的发生过程。在信息加工取向的学者看来，人的大脑就像一台计算机，学习就是对各种信息进行加工处理的过程。在诸多信息加工取向的理论中，美国教育心理学家加涅提出的信息加工学习理论极具代表性。他根据现代的信息加工理论，提出了一个基本的信息加工模式，用以展示学习时发生的信息加工过程（见图 3–2）。

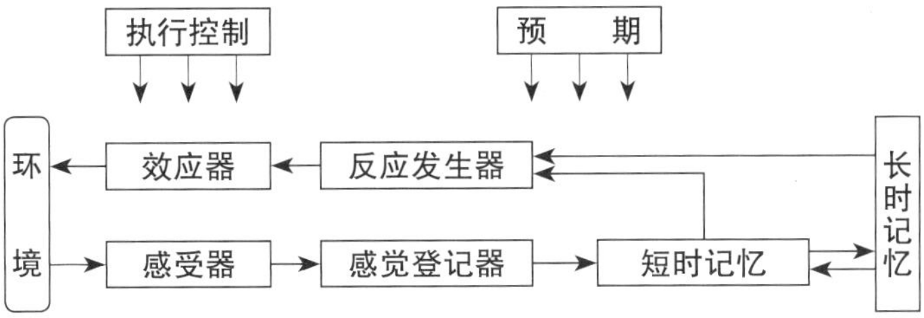

图3–2　学习的信息加工过程

（资料来源：加涅．学习的条件和教学论[M]．皮连生，王映学，等译．上海：华东师范大学出版社，1999：70.）

根据这一模型，环境中的各种刺激作用于感受器，感受器将这些刺激转换成神经信息，这些信息最先进入感觉登记器，进行初步编码，此处持续的时间非常短暂，一般在 0.01 秒的时间内；紧接着，经过编码后的一部分信息会进入短时记忆中，而另一些信息则就此消失。当信息进入短时记忆后，会被再次编码。短时记忆保持的时间非常短，一般只有 2.5～20 秒，容量也十分有限，只有 7±2 个单位容量。如果想要信息在此处停留得久一点，就需要运用一些策略，比如不断复述。短时记忆又称为工作记忆，我们可以把短时记忆看作一个对信息进行各种操作的“临时工作台”，此处会对输入的信息进行加工，也会提取长时记忆中的信息参与到对当前信息的加工。

经过加工和编码，信息就会进入长时记忆中进行储存。一般认为，长时记忆的容量非常大，并且储存在长时记忆中的信息是永久性的，不会损失。生活中，我们常会忘了一些东西，其原因并非在长时记忆中的信息损失了，而是若干因素导致无法从中提取信息，所以表现为遗忘；抑或信息并没有储存到长时记忆中。从长时记忆中提取出来的信息可以直接进入反应发生器，也可以进入短时记忆中进行加工，再进入反应发生器。反应发生器将信息转换为能够激活效应器的形式，转换后的信息进入效应器，效应器被激活，产生操作活动。通过操作活动，学习者可以得到反馈，知道自己的学习是否达到了学习目标。以学会背诵一首古诗为例，刺激（如文字）激活了感受器（如眼睛）产生神经冲动模式并进入感觉登记器，经过编码后进入短时记忆继续加工和编码，并储存到长时记忆中，而后信息进入反应发生器，反应发生器对信息进行转换，保证有组织的操作活动发生（如肌肉如何运动以带动声带，从而在外显行为上体现为背诵出古诗）。经过转换的信息进入效应器（如肌肉）并激活效应器，表现出操作活动（如背诵出古诗）。

在加涅的模型中，还有两个重要的结构就是“执行控制”和“预期”，这两个结构可能会对整个信息加工过程产生影响。执行控制决定哪些信息进入短时记忆、对信息如何进行编码、采取何种提取策略等。预期则是指学习者希望达到的目标，学习者所期望的目标会影响学习者在学习过程中注意什么、以什么样的方式进行编码、组织什么形式的反应等。在加涅看来，“不管是短暂的学习活动还是持续的学习活动，都是由几个阶段所构成的。学习是从感受器接受刺激开始，到紧跟学习者反应之后的反馈结束”。

加涅的学习加工模型提示我们，学习是一个从输入到加工整理再到输出的完整闭环。因此，对于学习者而言，在学习过程中可以注意以下几个方面。首先，要做好信息输入的准备。一方面是环境的准备，选择适宜的学习环境，减少不必要的干扰刺激，不要同时处理多个任务，因为人类工作记忆的容量是有限的；另一方面要明确学习的目标，这会影响我们学什么、以什么样的方式学等过程。其次，要灵活地运用各种学习策略，结合学习目标，对信息进行充分的加工整理，结合原有的知识经验来理解和解释新的学习内容。最后，一定要重视信息的输出。要知道，输出本就是学习过程中的重要一环。通过输出，我们可以获得反馈，检验学习目标的达成度，并完善自己的学习情况。例如，在一些知识的学习中，做习题就是一种信息输出的方式，通过习题来检验和深化学习程度；再如，学习了一些概念、理论之后用自己的话说出来，也是一种输出。

二、学习的意义

（一）学习有助于个体适应环境，与环境取得平衡

学习是人们适应环境，与环境取得平衡的重要途径。一方面，“人非生而知之者”，我们面对的是一个未知的世界，而且环境也在不断地变化，因此，我们需要通过学习，认识和理解外在环境，调整自己的行为，从而适应环境；另一方面，我们也需要通过学习改造环境，使环境能满足我们的需要，与环境取得平衡，达到和谐统一。

（二）学习有助于开发智力，促进心理发展

学习能够发展人类的智力。对于什么是智力，心理学家有不同的看法。有一种看法是根据人一生中的发展趋势，以及能力对先天禀赋与社会文化因素依赖的关系，把智力分为流体智力和晶体智力。流体智力指的是信息加工和问题解决过程中所表现出来的能力，其较少依赖于社会文化因素，而是取决于个人的禀赋。流体智力的发展和年龄有密切关系，通常 20 岁以后达到顶峰，30 岁以后随着年龄增长而下降。晶体智力指获得语言、数学等知识的能力，与社会文化密切相关，取决于后天的学习。晶体智力在人的一生中都在不断发展。

学习能够促进流体智力的发挥。例如，北宋著名的政治家、文学家王安石所写的

《伤仲永》一文，描写了一位名叫方仲永的“神童”，五岁时就会写诗，且写出来的诗文颇具文采，同县的人都十分惊奇，甚至有人花钱请方仲永写诗。方仲永的父亲觉得有利可图，就带着他到处拜访，不让他学习。后来，王安石回乡探亲，遇到了方仲永，就请他作了几首诗，这时方仲永已经十二三岁了，写出来的诗已经不能与从前的名声相符了；又过了七年，王安石再次回乡探亲，问起方仲永的情况，得知已经“泯然众人矣”。方仲永小时候表现出很高的“天资”，可以说存在一些突出的流体智力，但是没有后天的学习，最终“天资”没有被激发出来，成了一个普通人。随着年龄的增长，我们的流体智力会有所下降，但是通过不断学习，我们的晶体智力能够不断提升。

第二节 大学生常见的学习心理困扰

活动体验

你觉得与中学的学习相比，大学的学习有哪些不同？在学习的过程中，你有哪些想法和感触？

一、大学学习的特点

从中学进入大学，学习发生了一些变化，了解大学的学习特点，将有助于我们更好地适应大学的学习生活。大学学习的特点主要有以下几个方面。

（一）学习内容具有专业性

在大学，学生都有自己的专业，不同的专业与不同的学科知识相联系，与不同的行业相联系，具有一定程度的职业定性。在学习过程中，要掌握好与专业相关的基础知识、基本概念、基本原理、基本方法，系统扎实的基础是学好专业知识的前提。此外，学生在把握好专业性的同时，也要注重综合性，拓宽知识面，提升综合素质。不难发现，很多创新的成果，往往发生于不同学科、不同专业之间的交叉。

（二）学习形式具有自主性

在中学的学习中，同学们通常是跟着老师的节奏进行学习的。但是，到了大学，同学们有了更多自主支配的时间。大学的学习对自主性的要求更高。自主性的学习意味着同学们需要自己思考个人的发展方向，进而明确自己的学习目标，制订学习计划，并采取有效的措施来实施。同学们应当在老师的指导下，有意识地培养自主学习能力。

（三）学习途径具有多样性

课堂教学不再是唯一的学习渠道。除了课堂教学以外，课程设计、专业实习、社会实践、专家讲座、网络课程等都是学生获取知识、培养技能、提升能力的重要渠道。学生可以充分运用各种渠道，助力大学学习。

（四）学习结果具有实践性和创新性

大学学习，不仅仅是要掌握知识，更要培养实践能力和创新能力。首先，要把专业知识和实际问题联系起来，学会运用专业知识分析问题、解决问题，从而提高实践能力。其次，在专业学习过程中，要探究相关知识、理论的形成过程，发现存在的问题，并提出解决的方法，这也是一个培养创新能力的过程。

二、常见的学习心理困扰

（一）厌学

厌学是指学生对学习感到厌倦的心理现象，是学生对学习生活不能满足自身需要而产生的不愉快、不满意的情绪体验，在行为上表现为对学业的抗拒。

厌学的因素主要有两个：一是环境因素，二是个人因素。环境因素可以分为学校因素、家庭因素和社会因素。学校因素是指与学校教育教学相关的因素，如学校的专业课程设置、教师的教学能力和教学方法等。家庭因素是指与家庭相关的各种因素，包括父母的教养方式、家庭氛围、家长的期望值等。如父母的争吵、对孩子抱有过高的期望等都可能给孩子带来极大的压力。社会因素则是就业压力、社会风气、社会价值导向等与社会环境、社会文化相关的因素。个人因素主要有：学习动机，包括学习需要、学习目标的设定以及对学习必要性的认识和信念；个人规划，包括对专业发展前景、个人就业方向、生涯规划等；生活安排，即学习在生活事件中的重要程度。

研究指出，环境因素和个人因素都会影响大学生的厌学程度。厌学是两个因素共同作用的结果，且个人因素在环境因素与厌学程度关系中发挥着调节作用。例如，一个学习动机很弱的人，枯燥的教学内容就更容易使其产生厌学现象。这提示我们，个人因素对于厌学心理的产生有着特殊的作用，同学们可以有意识地省察自己的学习动机，制订合适的学习规划，管理好自己的日常生活，从而实现对学习资源的充分使用。

（二）考试焦虑

考试焦虑是学业焦虑的一种形式，通常指个体对负面评价的恐惧、担忧，以及由此产生消极的认知行为、生理或情绪反应。考试焦虑可以表现在考试前、考试中、考试后等各阶段。利伯特等人通过因素分析，将考试焦虑区分为忧虑性和情绪性。忧虑性包含较多的认知成分，可以表现为对考试的担忧，例如“要是我没考好，大家会觉得我不聪明”；也可以表现为一些与考试无关的自发性想法频繁闯入，干扰当前的任务而分散注意力。情绪性主要是与之伴随的情绪体验（如紧张、不安等）及身体反应（如出汗、心慌、轻微恶心、肠胃不适等）。研究显示，近年来，我国大学生出现考试焦虑的情况不断增加。考试焦虑的成因是复杂的，受个体的成就目标、自我效能感、考试技巧、个体认知等因素的影响。适当的焦虑对学习有积极作用，过度的焦虑，则会分散注意力，产生消极的影响。因此，面对过度的考试焦虑，我们要学会适当地调节和放松。

第一，合理地认识考试。考试只是学习的一环，通过考试来检验知识和技能的掌握程度，获得学习的反馈，从而帮助我们完善学习。考试成绩只是一个阶段性学习成果的体现，并不完全等同于一个人的能力，而大学的学习是为了自我成长和自我提高。

第二，认知重评。考试焦虑与个体对考试情境的认知有关，当情境被知觉为具有威胁性时，就会引起焦虑。当我们体验到考试焦虑的时候，可以觉察一下头脑中产生的想法和念头，将其记录下来，对这些想法进行评估，发现其中的不合理性和不必要性。

第三，合理安排学习计划，善用考试技巧。一方面，在平时的学习过程中，养成良好的学习习惯，注意对知识和技能的把握和积累；另一方面，在应对考试时，要提前做好复习计划，善于学习、总结自己和他人有效应对考试的技巧，并运用于考试的复习和应对当中。

第四，学会劳逸结合，适当放松。考试焦虑常常伴随着一些生理上的唤醒，这时我们可以有意识地做一些放松练习，如用呼吸放松法、肌肉放松法等方式来舒缓身心、缓解焦虑情绪。

心理小贴士

归因方式

归因是指个体对自己或他人行为的原因加以解释和推测的过程。在日常生活中，我们经常会进行归因，如高考失利，有的同学认为是自己身体不适导致的，也有的同学认为是高考题目太难，还有的同学认为是自己没有付出足够多的努力。这些探索原因、寻求解释的过程就是归因。

著名归因研究者伯纳德·韦纳认为，归因不是一个独立的过程，而是上一次行为和下一次行为之间的重要环节。具体来说，就是对上一次行为的归因将对下一次行为产生重要的影响。比如，一个学生将竞赛失败归因为自己不够聪明的话，那么他就会自暴自弃；相反，如果归因为自己不够努力，那么他就会为了下一次的胜利而付出更多的努力。韦纳把人们成功和失败的原因归纳为六个因素。①能力：个人对自己是否胜任该项工作的评估。②努力：个人在该项工作中是否尽力而为的认知。③工作难度：个人凭经验判定该项工作的困难程度。④运气：个人对此次成败是否与运气有关的判断。⑤身心状况：工作过程中个人当时的身心状况是否影响了工作成效。⑥外界环境：除了上述五项因素外，其他与此次成败有关的人和事等。

韦纳根据各因素的性质，把以上六个因素分别纳入以下三个维度。①原因源：行动者自身原因还是外部环境的原因，如考试题目难度是外部原因，个人能力是内部原因。②可控性：原因能否受行动者主观意志的控制，如运气的可控性较低，努力的可控性较高。③稳定性：原因是否随着时间的变化而改变，如运气很不稳定，而能力较为稳定。韦纳认为，对任何原因的知觉都可以从这三个维度进行分析。

韦纳将六个因素和三个维度结合起来，组成了三维归因模式（见表 3-1）。

表3-1 三维归因模式

六因素		能力	努力	工作难度	运气	身心状况	外界环境
三维度	原因源	内部的	内部的	外部的	外部的	内部的	外部的
	可控性	不可控的	可控的	不可控的	不可控的	不可控的	不可控的
	稳定性	稳定的	不稳定的	稳定的	不稳定的	不稳定的	不稳定的

（三）学习挫折

挫折是人们在意志行动过程中，遇到无法克服或自以为无法克服的干扰或障碍，预期目标不能实现时所产生的紧张状态和情绪反应。学习挫折即个体在完成学业活动中所产生的挫折，是学生群体常见的挫折之一。常见的引起学习挫折的事件有未取得理想成绩、考试不通过、延迟毕业等。大学生学习挫折产生的原因也是多方面的，如大学学习特点和社会评价的变化、不良的家庭经济状况与不当的家庭教育观念、自身的个性特点等。面对挫折，有的人会采取积极的应对方式，如冷静客观地分析原因，积极努力克服困难；有的人则会采取消极的应对方式，如攻击、逃避等。挫折在所难免，我们要学会以积极的方式来应对，具体可从以下几个方面进行。

第一，保持冷静，客观分析。当学习挫折发生时，我们可能会体验到很多负面情绪，如伤心、烦躁甚至愤怒，可以先给自己一些时间，让自己慢慢冷静下来，然后客观地分析挫折产生的原因，以便采取有效的行动。

第二，调整目标，制订可行的计划。有时候受挫源于预期和现实之间的差距，如制定了过高的目标，这就需要我们调整自己的目标，制订切实可行的学习计划，从小目标开始，分阶段、分步骤执行。

第三，结合大学的学习特点，运用科学的学习方法。大学的学习和中学有所不同，部分学生在学习中受挫源于对学习方法的不适应，我们可以结合大学的学习特点，通过与老师、同学的交流，探索并运用有效的学习方法。

第三节 大学生学习的自我管理

学习的自我管理是指学生在学习活动的全过程中，将自己在进行的学习活动作为意识的对象，不断对其进行积极的计划、监察、检查、评价、反馈、控制和调节的过程。在知识爆炸的社会，获取知识的渠道多种多样，懂得学习的自我管理对于提高学习效率、提升学习效果具有重要作用。提升学习的自我管理能力，可从以下几个方面进行。

一、探索学习的动机

学习动机是指激发学习行为，使之导向一定的学习目标，并维持这一行为的动力倾向，具有引发作用、定向作用、维持作用和调节作用。学习动机与学生的学习兴趣、学习需要、个人价值观以及外部要求等诸多因素紧密联系。

一般而言，可以把学习动机分为内部动机和外部动机。内部动机是指对学习活动本身感兴趣而引发的动机。其指向行为活动本身，能够从活动本身得到满足，而不需要外在的诱因。例如，有的人对历史感兴趣，在学习历史的过程中就得到了极大的快乐和满足。外部动机则是外部诱因所引起的，指向活动的结果。这时，并不是对学习感兴趣，而是对学习的结果感兴趣，是为了得到行为的结果而产生的行为推动力。外部动机的诱因可以是物质的，也可以是非物质的。例如，有的学生希望通过学习，获得奖学金、荣誉、老师及家长的肯定等。

在学习的过程中，背后的动机是复杂的，往往既有内部动机，也有外部动机。例如，在学习的过程中感到快乐，同时也希望获得一个好的结果，得到他人认可；也可能一开始是被内部动机所驱动，对活动本身感兴趣，随着学习的进行，变得更为关注其结果，抑或反之。一般而言，具有内部动机的学生在学习活动中更容易得到满足，并且能较为持久、稳定地推动学习；而具有外部动机的学生，一旦达到了目的，学习动机就会下降。因此，对于学习者而言，可以探索自己在学习活动中的动机，你是为了什么而学习，并且在学习过程中多体会学习本身的乐趣，培养内在的学习动机。

二、运用恰当的学习策略

对于学习策略的内涵，学者间有不同的观点，我们可以简单地将其理解为有助于提高学习质量、学习效率的程序、规则、方法、技巧及调控方式。常见的学习策略可以分为两类，一类是学习的认知策略，另一类是学习的监控策略。学习者用来加工和组织学习材料的策略，称之为学习的认知策略，主要有复述策略、精细加工策略、组织策略。复述策略是指让信息在大脑中呈现和保持，如重复、抄写、画线等；精细加工策略是指把新知识和大脑中已有的知识联系起来，对知识产生理解，如口述、总结、做笔记、类比、答疑等；组织策略是指整合新知识之间、新旧知识之间的内在联系形成新的知识结构，如选择要点、列提纲、画图表等。学习者对学习过程进行有效的调节、控制的策略，称之为学习的监控策略，如制订学习计划、监控自己的注意力等。切实有效的学习需要学习者掌握各种学习策略，并能根据不同的学习内容、学习目标进行灵活运用。在此，我们介绍几种常见的学习策略。

（一）画线

画线就是在学习或者阅读材料的过程中画标记线。画线有助于我们在复习的时候快速检索重要的内容。画线时应当注意只画一些确实重要的内容，而不是什么都画，否则就失去了意义。以下列举了一些画线的方法，供大家选用和参考：①圈出不知道的术语；②标出定义；③标明例子；④列出观点原因或事件序号；⑤在重要段落前加强调符号；⑥在混乱部分加问号；⑦标出可能的测验项目；⑧画箭头表明事件或观点之间的关系；⑨标注评论，记下不同点和相似点；⑩标出总结性的陈述。

（二）合理复习

1.及时复习

德国心理学家赫尔曼·艾宾浩斯通过实验发现，遗忘的进程是不均衡的，呈现出先快后慢、先多后少的特点，并且到了一定程度就不再遗忘。因此，我们需要安排及时、合理的复习。一般认为，学习之后需要通过4～5次的复习才能够牢记，刚开始复习的间隔时间可以安排短一点，后续可以长一点。大致时间为10分钟、一天、一周、一个月、两个月、半年。复习过程中可以把集中复习和分散复习结合起来，有效地利用碎片时间。

2.过度学习

当我们学习一份材料达到恰好掌握的程度之后，又继续学习一段时间，称之为过度学习。有研究显示，过度学习次数越多，学习效果越好，学习的保持量也越多。因此，在学习的过程中，我们可以适当进行过度学习。

（三）用自己的语言表达

让新旧知识之间形成联系是深化学习的一种方式，能够提升学习效果。当我们学习完新知识后，可以用自己的语言对其进行重新组织和表述。对知识进行重新组织的时候，我们可以借助一些“思考模式”，例如“2W2H”，即通过四个问题进行组织和整合。它们分别是，为什么（Why）、是什么（What）、如何做（How）、有多好（How good）。例如，学习完一个新的理论之后，思考作者为什么会提出这个理论（Why），这个理论说明了什么（What），这个理论中主张可以怎么做（How），这样做有何意义、效果如何（How good）。

（四）记笔记

俗话说“好记性不如烂笔头”，在学习的过程中，记笔记不仅可以帮助我们记录信息，还能够促进我们对信息的进一步加工与整合。记笔记的方式有很多，如康奈尔笔记法。康奈尔笔记法是将一页纸分为三个区域，即线索区、笔记区、总结区（见图3-3）。康奈尔笔记法主要有以下几个步骤：

第一步：在“笔记区”记录，在阅读或听讲的过程中，在笔记区快速地记录内容。

第二步：在“线索区”简化，将主要观点概括出来，简明扼要地记录在线索区。

第三步：复述，盖住右侧笔记区的内容，只看左侧线索区的要点提示，尝试复述内容。

第四步：在“总结区”总结，用自己的话把对内容的思考和总结写在总结区。

第五步：复习，重新复习整个笔记。

图3-3　康奈尔笔记法示意

视频3-1
康奈尔笔记法

（五）运用测试

从信息加工的观点来看，学习是一个从输入到输出的过程，输出的环节是学习中必不可少的，我们唯有通过输出才能获得反馈，从而深化学习。做测试就是输出的一种形式，因此，我们可以结合学习的内容，善于运用各种“测试”，如以做习题、解决一个实际问题、设计一个方案等方式来检验和完善学习。

（六）PQ4R方法

PQ4R方法由美国学者托马斯和鲁滨孙提出，是一个能帮助学生有效理解和记忆的学习技术，主张在学习的过程中采取六个步骤，PQ4R即是由这六个步骤的首字母缩写组成。

预览（preview）：快速浏览材料，对材料的标题和副标题有一个初步的了解，查看目录，找出你要读的和学习的内容。

设问（question）：阅读时试着给自己提问，可以结合各章节标题，用“谁”“什么”“为什么”“哪儿”“怎么样”等问题来思考。

阅读（read）：详细阅读材料，找出问题的答案。

反思（reflect）：通过思考各章节主题之间的联系、新材料与已有知识之间的联系、联想对其他类似问题的应用等方式，理解信息。

背诵（recite）：通过大声朗读，借助标题、要点进行提问等方式，反复背诵，记住信息。

复习（review）：积极复习，可以自我提问，当无法回忆出答案时，应重新阅读材料。

三、培养自我管理能力

自我管理指的是个体主动运用认知及行为策略对自身的思想、情绪、行为以及所处环境等进行管理，以实现自己既定目标的过程。其具有三个核心特点：首先，强调个体的主动性；其次，自我管理是目标导向的；最后，在自我管理的过程中需要运用各种认知和行为策略，包括自我监控、自我反思、自我评估、自我强化等。培养自我管理能力意味着我们在学习过程中，主动地、灵活地运用各种学习策略并结合各种行为管理的策略，帮助我们实现学习的目标，并且，把学习当成生活的一部分，能够有条理地安排自己的生活，成为生活的主人。在这里，我们介绍两个与行为管理相关的方法，时间管理和目标管理。

（一）时间管理

有效地管理时间对于每个人而言都十分重要，时间管理的一个原则就是能够区分事情的轻重缓急，然后根据轻重缓急去安排处理顺序，并在实践中不断调整，从而形成适合自己的方式。那么，该如何区分和安排呢？史蒂芬·柯维等人提出了时间管理“四象限法则”，以下做简单介绍，供大家参考使用。

视频3-2
时间管理

先是区分事情的轻重缓急。“四象限法则”通过两个维度，重要——不重要、紧急——不紧急，把事情分为四种类型（见图3-4），分别是重要且紧急、不重要但紧急、重要不紧急、不重要且不紧急。

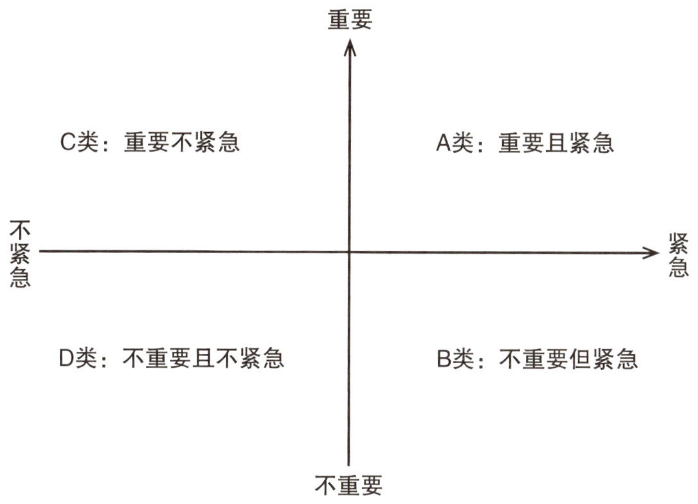

图3-4　时间管理“四象限法则”

而后，根据四种分类合理安排时间。首先是处理“重要且紧急”的事情，这类事情通常时间紧迫且比较重要，必须完成，例如一些危机事件、截止时间临近的事件等。不过我们也要留意到，很多重要事情变得紧迫是事先没有安排好或者拖延所致，因此提前谋划、准备很重要。其次是处理“不重要但紧急”的事情，这类事情比较急，但不一定重要，例如一些无谓的电话、碍于情面的事情。有时，这类事情会“蒙蔽”我们，让我们以为紧急的事情都很重要，从而耗费过多宝贵的时间。再次是处理“重要不紧急”的事情，例如建立人际关系、增长见识、提升个人能力等。虽然这类事情在时间上没有那么急迫，但是对于个人发展具有重要意义，需要我们及早计划、持续投入、按部就班地完成。最后是处理“不重要且不紧急”的事情，这类事情通常时间上不紧急，除了消磨时光外，对个人来说也没什么重要意义，如上网闲聊、刷视频等。我们要适当控制，不要把太多时间消耗在这些事情上。不过要注意的是，并非所有的休闲娱乐活动都属于此，健康的休闲娱乐能够帮助我们舒缓身心，增进人际关系，是生活中的一部分，其实是属于“重要不紧急”的事情。

（二）目标管理

很多人或许都有这样的体验，一开始信心满满地定下了一个学习目标，制订了学习计划，但最终却没能完成。原因可能在于缺少对目标的管理，目标管理可以分为目标制定与目标执行两个方面。

目标的制定需要有一定的合理性。那么，该如何制定合理目标呢？在这里，我们介绍一下目标制定的SMART原则。SMART原则来自管理学领域，一共五条，SMART对应五个英文单词，我们可以参照SMART原则来制定学习目标。

S（specific）明确的、具体的：目标必须是明确的、具体的，大目标还可以细分为多个小目标。

M（measurable）可衡量的：目标达成与否是能够量化的。

A（attainable）可达到的：目标是能够经由努力达成的。

R（relevant）有关联的：目标是有意义的，与个人或其他目标相关的。即这个目标的实现和其他目标是有关联的，或者说对自己而言是有意义的、有价值的，如果说这个目标实现和其他目标无关，那意味着可能并不值得花时间去投入。

T（time-based）有截止期限的：目标的设置是有时间限制的，要给目标设定截止时间。

以英语学习为例，假设我们定一个目标“学好英语”，那这个目标就不够明确、具体，也不可量化。我们可以思考“学好英语”后会有怎样的表现，进而制定一个更加明确、具体、可量化的目标。例如，英语六级成绩达到425分以上、雅思成绩达到6.0分以上、拥有6000个单词量等，这就是一个更加具体、明确、可量化的目标。当我们定下一个明确、具体、可量化的目标之后，要衡量目标的“可达到性”，看看是否在个人能力范围之内，目标定得太高会导致无法达成，而产生挫败感；同时思考这个目标对自己是否有意义，并设置好截止时间。

目标的执行需要自我的监控。当目标确定后，我们还需要进一步细化，细化时同样可以参照SMART原则进行，制订为可以执行的计划。例如，哪个时间学习什么、学习多少量、多少时间。此外，我们还应对计划进行反思和调整。需要注意的是，目标和计划很难一次性就做到完美，在执行过程中可以分析计划的完成情况，从而不断调整和完善。

自我探索

请参考目标管理的SMART原则，为自己制订具体的学习计划。注意在制订的时候，可以先选择一项学习任务，如阅读某一本书、准备某一项考试，而非整合多项任务，这样便于上手。在刚开始制订计划时，无须追求计划的完美性，计划是在不断实践中形成的，几乎不会有完美计划，也不要仅仅为了计划而计划，要记得最重要的是行动！

总体目标：____________________

截止时间：____________________

目标意义：____________________

具体计划：____________________

拓展阅读

1.《认知天性：让学习轻而易举的心理学规律》（作者：彼得·布朗、亨利·罗迪格三世和马克·麦克丹尼尔）

学习是挑战天性的必修课

本书主要从认知心理学角度来阐述学习的规律，帮助大家深入理解如何进行有效的学习、掌握知识技能。认知心理学兴起于20世纪50年代，主要运用信息加工的观点来研究人类的认知活动，并取得了丰硕的成果，是当前占主导地位的心理学思潮。本书基于认知心理学关于学习和记忆的研究结果，运用故事的形式向人们介绍，怎样的学习原则才是高效的，并提供了一些有效的学习策略。读者在阅读的过程中，不妨结合书中所述，省察自己的学习方法，取长补短，最终形成科学的、有效的、适合自己的学习方法。

2.《清醒思考的艺术：你最好让别人去犯的52种思维错误》（作者：罗尔夫·多贝里）

成功的钥匙就在思考的艺术中

有时候，清晰地思考反而是一种浪费；有时候，凭直觉做决定，你会后悔莫及。本书内容涉及心理学、哲学、企业管理等领域，精辟论述了52个常见的错误思维，并提出破解错误思维的巧妙方法，预防我们掉入隐性思考陷阱，让你看清思维盲点，清除决策障碍，选对思维方法，做出正确选择。每个错误思维都搭配一幅风格独特的插画，兼顾了实用性与娱乐性。在信息繁杂的今天，同学们如果能够学会一些好的思维方法，也会让你的学习变得更加高效。

第四章 大学生生涯规划

材料4-1
心理漫画第四话

案例 4-1

小雨在进大学之前就畅想着要好好学习，为自己将来能找个好工作做准备。然而进入大学一月有余，她仍然不知道该做些什么，对于未来她感到非常迷茫。老师鼓励她考研，之前有很多学长、学姐考取了研究生，希望她好好准备；学长说服她去创业，说只有这样才不算白读大学；学姐告诉她还是踏踏实实学好专业课，毕业找个工作最为稳妥；父母告诉她，从大一开始就准备考公，这样工作才稳定。高考填报志愿时，小雨随意选择了一个看起来挺热门的专业就读，但是，接触了专业内容之后，她却完全不感兴趣。因此，小雨学习没了动力，不知道努力的方向是什么。

案例思考

1. 为什么小雨感觉学习没有动力，不知道努力的方向是什么？
2. 你是否可以帮助小雨规划她的大学生涯，让她不再陷入迷茫状态？

第一节 生涯规划概述

活动体验

假设人生平均年龄为 75 岁，一个月算一个格子的话，就等于有 900 格子，在一张 30×30 的方格纸上，每过一个月就涂一个格子。如果你今年 20 岁，那么你需要涂的格子数 =20（岁）×12（月）=240。请根据你现在的年龄把已经过去的时间格子用彩笔涂色，观察你接下去还剩下多少时间？你将如何进行分配？

被量化的人生竟然如此短暂，在忙碌的工作和生活中，我们是否应该静下心来，思考自己真正想要的生活。例如：你是谁？你想成为谁？你如何行动？

一、生涯与生涯规划

“生涯”这个词最早出现在《庄子·养生主》中：“吾生也有涯，而知也无涯，以有涯逐无涯，怠矣。”“生涯”中的“生”，即“生命”；“涯”，即“边界”。学者们从不同角度对生涯做出了界定，目前，较为适用的说法是，美国生涯理论专家唐纳德·舒伯的观点。舒伯指出，生涯统合了一生中依序发展的各种职业和生活的角色，是个人对工作的投入而流露出的独特的自我发展形式。生涯包含一个人从青春期到退休所作的有报酬的和无报酬的职业的综合。生涯不仅仅是指职位，它还包括了与工作有关的各类角色。生涯是以人为中心的，只有个人寻求它的时候，它才存在。

生涯的定义可有广义和狭义之分。广义的生涯是指个体身体生活事态的发展和过程；狭义的生涯是指个人所从事工作或职业有关的过程，与所谓的“事业”意思相近。

生涯可以理解为一生的发展过程，由于工作占据了人们大部分时间，所以职业生涯就成了生涯的重要组成部分。职业生涯具体是指一个人职业发展的历程，即个人连续从事和承担的职业、职务、职位的变动及实现工作理想的整个过程。大学生毕业后即将走向工作岗位，因此，大学时期为职业生涯提前做好准备是非常重要的。

舒伯把人的职业生涯发展看成一个循序渐进的过程，由童年开始一直伴随着人的一生。他将人的职业生涯分为 5 个主要阶段：①成长阶段（0～14 岁），以幻想、兴趣为中心，对自己所了解的职业进行选择和评价；②探索阶段（15～24 岁），综合认识和考虑自己的兴趣、能力与职业社会的价值、就业机会，进行自我检讨、角色探索和职业探索；③建立阶段（25～44 岁），在所选职业中安定下来，重点是寻求职业及生活上的稳定并力求上进；④维持阶段（45～64 岁），在工作中已经取得了一定的成绩，更新知识与技能，维护已经获得的成就和社会地位；⑤衰退阶段（65 岁及以上），个体身心健康水平衰退，逐步退出和结束职业生涯，个体需要发展新的角色，寻求不同方式以满足自身需要。

从本质上来讲，职业生涯是一个动态的过程，表示个体职业生活的发展和变化的过程。它具有以下几个特点：①职业生涯的历程包含人的一生；②职业生涯的发展是连续不断的；③整合了个体一生整体生活形态、生活角色与担任职务的发展；④强调与职业或工作活动有关的经验；⑤职业生涯是一种计划和管理。

二、职业生涯规划

职业生涯规划是指个体为自己的生涯所作的规划，是个人发展与组织发展相结合，通过对职业生涯的主客观因素进行分析、总结和测定来完成。职业生涯规划首先要确定奋斗目标，然后为实现这一职业目标提前进行生涯系统安排的过程。我们主要讨论大学生的个人职业生涯规划，帮助其明确职业目标，并为之努力。

职业生涯是人一生中极为重要的方面，它是社会与个人、整体与个体的联结点。从心理层面来说，在职业生涯中，人们的自我意识伴随着职业角色的变化而发展，在社会前进、职业组织发展的前提下，个人的需要得到了满足，个人的潜能得到了发挥。职业生涯规划是指一个人主动地、自觉地对其一生中所承担职务及其发展历程的预期和计划。作为一名大学生，每个人都应该明确自己适合做什么、应该做什么，以及怎么样做才能实现自己的目标。

制订职业生涯规划强调的是，个人如何为自己做出适当的选择，焦点在于探讨个人如何规划自己的生涯发展。制订职业生涯规划的目的绝不仅是帮助个人按照自己的资历、条件找到一份合适的工作，实现个人目标，更重要的是帮助个人真正了解自己，为个体定下事业大计，筹划未来，拟定一生的发展方向。每个人都应该审时度势地为自己筹划未来，有了事业的目标，生活才有方向；有了事业的追求，生活才有动力。大学生进行职业生涯规划就是要将自己的理想化为现实的人生，把对未来事业发展的预期转变为明确的行动步骤。大学生正处于职业生涯的探索阶段，这个阶段主要的生涯发展任务是从多种实践机会中探索自我，逐渐确定职业偏好，并从所选定的领域起步，这一阶段对其今后职业生涯的发展有着十分重要的意义。

第二节 大学生职业生涯规划

一、大学生职业生涯规划的特点

大学生职业生涯规划指大学生在对自身性格类型、职业兴趣、价值观、职业志向等个性特征进行探索的基础上，结合自己所学专业的学习环境、职业环境、社会发展趋势等，逐步确定自己的职业发展方向，据此制订大学期间的学习、成长计划，并持续行动以达成目标的过程。这是大学生将自己由一名学生塑造成一名合格的职业人的过程。大学生职业生涯规划具有个性化、开放性、连续性、目标性和系统性等特征。

（一）个性化

职业生涯规划具有个性化特征。由于个体的生活背景、成长环境、能力、兴趣、价值取向和性格特征等方面都不尽相同，因此，大学生在进行职业生涯规划时应客观分析内在因素和自身所处的外部环境，尽可能扬长避短，并根据自身的兴趣和能力，明确职业生涯方向，从而使自己的职业定位更准确、更科学，以及更符合自身发展的需求。

（二）开放性

职业生涯规划具有开放性特征。随着社会经济、科学技术等的快速发展，大学生与外界的联系更加方便。通过高校之间的交流、校企之间的合作、企业导师进课堂等方式，开阔了大学生的视野，帮助大学生了解企业和职业。大学生在职业生涯规划时，更加灵活与开放，选择更多样化。

（三）连续性

职业生涯规划具有连续性特征。职业生涯规划并不是某一阶段的事情，而是应该贯穿个体的整个职业历程。大学生在正式步入工作岗位之前，所有的时间都属于职业生涯的准备期。从这个意义而言，大学阶段的专业学习是职业准备期的重要组成部分，大学生职业生涯应该贯穿其整个大学阶段，而不仅仅是大学最后一学年。所以，大学生从入学开始就应该明确自己的职业目标，根据自身的兴趣、性格、能力等分阶段、分任务逐渐制订自己的职业生涯规划。

（四）目标性

职业生涯规划具有目标性特征。职业生涯规划旨在引导大学生制定合适的职业发展目标，确定职业发展路径，帮助大学生有计划、分阶段地实现预期目标。因此，职业生涯目标的设定是职业生涯规划的核心。这意味着，职业生涯目标一旦确立，它就应该成为大学生追求职业发展和职业成功的动力源泉，不断促使大学生集中精力，排除各种外在干扰因素，充分激发潜能，为实现职业发展目标而奋斗。

（五）系统性

职业生涯规划具有系统性特征。职业生涯目标的最终实现是社会、学校和家庭等多方面共同努力的结果，它们引导大学生明确自己的职业生涯发展路线，充分挖掘自身潜能，通过不懈努力，最终实现职业生涯的目标。所以，大学生职业生涯规划需要系统地整合社会、学校和家庭等多方面的力量和资源，以促进职业生涯规划的发展和实现。

二、大学生职业生涯规划困惑

（一）职业生涯规划意识淡薄

目前，大学生缺乏职业规划的现象较为普遍。许多大学生认为，职业规划和毕业前的就业指导是一样的；有的学生缺乏长期规划，只有短期目标；有的学生对以后的就业方向比较模糊，也不关心自己未来可能从事职业的发展情况。由于在学校没有明确的职业规划，所以大多数学生在求职过程中只能走一步算一步，职业生涯规划意识淡薄。

（二）职业生涯规划不等同于职业选择

有部分学生将职业生涯规划简单地等同于职业选择，认为职业生涯规划就是找一份满意的工作，既然还没毕业，就没有必要进行职业生涯规划。但是，职业生涯规划并不等同于职业选择，它是一个循环往复的动态过程。该过程包括认识自己、了解工作环境、职业选择、制订计划、生涯机会评估反馈等步骤。显然，职业选择是职业生涯规划中的一个重要环节。

（三）职业生涯规划急功近利

当前，部分学生在面对职业生涯规划时表现出急功近利、缺乏长期规划的特点。有的学生为了增加简历上的“干货”而盲目考证或者参加培训；有学生则盲目地将收入、地位和职务等个人利益的实现作为评价工作好坏的标准，很少将工作与自己的理想、兴趣、性格、能力、价值观和社会责任等结合起来。这种急功近利的职业生涯规划忽视了个体内心真正的需求以及个体实际所具备的基础。这不仅不能帮助大学生求得一份合适的工作，还会让其失去前进的动力。

（四）职业生涯规划准备不足

大部分学生到了毕业前夕才开始准备求职简历，且求职简历写得千篇一律，或者条理不清，或者烦琐冗长，让人没有耐心细看；个别学生甚至编造个人简历，存在名不副实的现象，给用人单位留下了不好的印象。这些都是职业生涯规划准备不足的表现。

（五）职业生涯规划缺乏可行性

在大学生群体里，有些学生根据自己对职业生涯规划的了解，也制订了职业生涯规划。但由于所制订的职业生涯规划缺乏可行性，没办法促使他们将行动与规划统一起来，即规划完了却并没有行动。有些学生的职业生涯规划过于理想化，未充分考虑社会条件和限制，往往眼高手低，好高骛远，缺乏实际行动。

（六）职业生涯规划反馈修正欠缺

职业生涯是一个动态的过程。一个完善的职业生涯规划，其中一个重要的环节就是对规划进行反馈修正，听取他人的建设性意见。由于当下大学生职业生涯规划没有完善的政策依托，因此缺乏有效的监督指导，并未做到反馈修正。

第三节 大学生生涯规划素养提升

案例 4-2

转眼间，小雨已经大三了。在大学里，小雨特别要强，她希望自己在别人眼里是一个不仅学习优秀而且工作能力出色的人。但回望过去的一年，她却感到“忙”和“茫”。小雨参加了学校的社团，也加入了学生会。由于每天疲于完成各类活动和任务，无暇顾及学业，在期末考试中，她的成绩非常不理想，也因此未能获得奖学金。这让一直想拿奖学金的小雨痛苦不已。一方面她想通过参加活动来锻炼自己的能力，另一方面也想在学业上有所成就，但却没能妥当地安排时间，导致学习成绩直线下降。看着身边已经在为考研或就业做准备的同学，她不知道自己该何去何从。

在案例 4–2 中，小雨为了锻炼自己的能力，参加各类活动，却忽视了学习。在大学里，有不少同学出现了这种情况，很明显，他们都缺乏生涯规划意识。

一、增强自我认知能力

（一）明晰性格类型

性格是一个人在生活中对他人、对自己、对事、对外在环境所表现出来的一致性适应方式。一个人会形成怎样的性格，受生物学遗传、社会环境和家庭环境等因素的影响。性格影响一个人对职业的适应性，特定的性格适合特定的职业，与此同时，不同的职业对人有不同的要求。大学生可以通过自我觉察、他人评价来了解自己的性格，也可以通过一些心理测评量表来分析自己的性格特点。比较常见的量表主要有霍兰德职业兴趣测验、迈尔斯–布里格斯类型指标（MBTI）等。

（二）了解兴趣爱好

兴趣是人认识某种事物或从事某种活动的心理倾向。兴趣是最好的老师。如果从事自己感兴趣的工作，我们就会感觉到快乐，工作会更有激情，在工作中也会获得更多的满足感。

由于兴趣爱好的不同，人的职业兴趣也有很大的差异。有人喜欢跟人打交道的工作，比如社工、老师、护士等，有人喜欢跟物打交道的工作，比如化学检验员、工程师、设计师等。兴趣是职业选择的重要依据。兴趣可以使人集中精力去获取喜欢的职业知识，创造性地开展工作。人们更愿意选择与自己的兴趣爱好相一致的工作，特别是当外界环境限制较小时，更倾向于选择自己感兴趣的职业。如果一个人对某个职业有浓厚的兴趣，那么他的工作热情会更高，工作才能得到充分发挥，工作效率明显提高，职业稳定性更高，个人幸福感更强。换言之，如果一个人对工作感兴趣，他就愿意花时间和精力去钻研。

大学生生涯发展中，要注重自己兴趣的发展，知之者不如好之者，好之者不如乐之者。如果大学生未来所从事的职业是自己所“好”的职业，那将会是一件幸福并有成就感的事情。

活动体验

畅游兴趣岛

想象一下，你面前有 6 个不同风情的岛屿，它们各具特色、风景秀丽。现在，我们要出发去美丽的岛屿旅游，但因为时间有限，我们只能选择其中一个岛屿，请你选出最爱的一个岛屿吧。

1号岛屿：自然原始的岛屿。岛上自然生态保持得很好，有各种野生动物。居民自己种植花果蔬菜、修缮房屋、打造器物、制作工具、喜欢户外运动，崇尚自然。

2号岛屿：深思冥想的岛屿。岛上有多处天文馆、科技博览馆及图书馆。居民喜好观察、学习，崇尚和追求真知；常有机会和来自各地的哲学家、科学家、心理学家等交换心得。

3号岛屿：美丽浪漫的岛屿。岛上到处都是美术馆、音乐厅，街头弥漫着浓厚的艺术文化气息。居民保留了传统的舞蹈、音乐与绘画，许多文艺界的朋友都喜欢来这里找寻灵感。

4号岛屿：友善亲切的岛屿。岛上居民个性温和、友善、乐于助人，社区均自成一个密切互动的服务网络，人们重视互助合作、重视教育、关怀他人、充满人文气息。

5号岛屿：显赫富庶的岛屿。岛上居民善于企业经营和贸易，能言善道。经济高度发展，处处是高档饭店、俱乐部、高尔夫球场。来往者都是企业家、经理人、政治家、律师等。

6号岛屿：现代、井然的岛屿。岛上建筑十分现代化，是进步的都市形态，以完善的户政管理、地政管理、金融管理见长。岛上居民性格保守、处事有条不紊，善于组织规划，做事细心高效。

请思考：

（1）你最喜爱的岛屿是______

（2）你选择这个岛屿的原因是什么？你觉得这个岛屿适合你吗？

______

______

______

（3）如果请你做旅游形象大使，你会如何宣传自己所在的岛屿呢？

______

______

______

（三）探索价值观

价值观是我们在生活、工作中所看重的原则、标准和品质。价值观在个体一生中有非常重要的作用。大学生的职业价值观是其价值观的重要组成部分，对大学生的职业生涯规划起着决定性的作用。因此，大学生进行职业规划之前要澄清自己的价值观。

活动体验

我的大学项目清单

丰富多彩的大学生活已经到来，你可以自由安排大学四年的生活，让你的大学生活过成你想要的样子。表 4-1 中有 15 项大学项目清单，请按照你的真实想法进行排序。

表4-1　大学项目清单

序号	大学项目	排序
1	学会一项技能（如学会跆拳道）	
2	通过英语四六级、计算机等级考试	
3	取得专业类证书	
4	获得奖学金	
5	找到满意的实习单位	
6	兼职赚钱	
7	谈一场完美的恋爱	
8	享受加入社团、学生会等组织结交朋友的乐趣	
9	参加学科专业类竞赛	
10	参加文体类活动（如参加运动会、参加舞蹈比赛等）	
11	拥有一次说走就走的旅行	
12	担任学生干部	
13	申请创业项目	
14	吃遍大学所在城市的美食	
15	为考研做准备	

请思考：

（1）你选择放在首位的大学项目是________________

（2）选择该项目的原因________________

（四）梳理知识技能

技能是人们通过后天学习和练习而获得的能力，通常表现为某种动作系统和动作方式，如阅读能力、人际交往能力、表达能力等。在个人成长过程中，从什么都不会的婴儿到一个对生活应对自如的成年人，其实我们已经学会了无数的技能。

大学生在大学期间，要从以往的经验中辨识个人所擅长的技能，同时也要学会在简历和面试中表达自己的技能，从而达到展现自我、推销自我的目的。一般认为，择业时大学生应具备以下几种基本能力：学习能力、适应能力、人际交往能力、表达沟通能力、开拓创新能力、动手能力和组织管理能力等。

心理小贴士

八种职业价值观

心理学家马丁•凯茨对250种职业进行了详细的研究，确定了十种职业价值观（目前仍在使用的有八种，见表4-2），并形成一套价值观澄清练习。该练习有两个重要观点：一是人们必须区分价值观的优先次序，即哪方面是你最看重的，哪方面是其次，以此类推形成一个顺序；二是在生涯决策中，个体的价值观体系（即个体各个重要价值观成分之间的相容与和谐程度）与个体最看重的价值观成分同样重要。

表4-2 八种职业价值观

价值观	解释
社会贡献	你希望的工作主要是能在整体上改善健康、教育环境或社会福利
高收入	你希望找一个相对其他职业而言，有更高平均收入的职业
独立性	你希望在无严格监管，且无须每日听从工作指示的环境下工作
领导	你喜欢领导他人，告诉他们怎样做，组织他们一起完成工作
休闲	你希望工作时间短或假期长，工作之余的满足感对你来说十分重要，你不希望被工作所打扰
社会声望	你希望你的职业能使他人在社会事务中尊重你，倾听你的意见，寻求你的帮助
稳定性	你希望你的工作不因经济衰退、技术变革等改变而变化
多样性	你想要接触不同的活动和问题、不同的人或工作地点

（资料来源：江光荣．大学生心理健康素养[M].长沙：湖南师范大学出版社，2020：213.）

活动体验

技能分类：

——专业知识技能：一般用名词表示，是你知道的东西，例如数学、英语、历史。

——可迁移技能（又称通用技能）：一般用动词来表示，是你做的事，例如倾听、说服、面试、交谈、协作。

——自我管理技能：通常用形容词或者副词表示，经常被看作人格特征或个人品质，说明或描述一个人的某些特征，例如热心、睿智、负责、敏捷等。

根据以上的技能分类，请思考大学期间你希望获得的三种不同类型的技能，填写在表4-3中。

表4-3 大学期间你希望拥有的技能

能力名称	能力类型	获取渠道
英语	专业知识技能	通过英语四六级考试

二、了解外在职业世界

相对自我分析与评估来说，了解外在职业世界是“知彼”的过程。对外在职业世界的了解具体包括以下四个方面。

（一）社会环境

人生发展与社会环境密切相关，社会环境对人生发展具有重要的影响。对社会环境的分析，主要包含以下几方面：国内外政治环境、经济环境、社会就业政策、社会各行业对人才的需求情况。

（二）职业环境

职业环境是指某职业在社会大环境中的发展状况、技术含量、社会地位、未来发展趋势等。它对理想职业的选择有决定性的作用。职业环境分析主要包括以下三个方面：一是行业环境分析，二是职业分析，三是单位情况分析。在进行职业环境分析时，一定要结合社会大环境的发展趋势，同时也要考虑国家的方针政策，尽量选择有前景、发展空间大的行业和职业。

（三）学校环境

学校环境是指大学生所在学校为学生提供的与就业相关的环境，包括硬件和软件方面。大学生可以充分了解学校本身的社会影响力、办学定位、课程设置及就业指导帮扶等方面的信息，以充分利用学校的资源，助力自己的职业生涯规划。

（四）家庭环境

大学生在做职业选择时，家庭环境会潜移默化地影响一个人的职业发展。家庭是一种凝聚力很强的社会群体，家长的就业观念对子女有着深远影响。比如，学生想选择医生作为他未来的职业，因为在他的家庭里，父亲就是一位医术高明、责任心强的医生，并且也希望他继续从医，于是他立志成为像父亲一样的医生。

三、培养自我决策能力

决策是一个复杂的思维操作过程，是信息搜集、加工，最后做出判断、得出结论的过程。生涯决策是一个人在多项选择中，进行职业选择，权衡利弊，以达到最大价值的历程。在进行生涯决策的时候，我们经常会遇到一些阻碍，如我们找到了一个与自己兴趣一致的工作，但是工作环境并不是自己喜欢的，而另外一个工作环境很好，但与专业相关度不高。在遇到这些冲突的时候，我们不知道该如何决策。下面，就为大家介绍一些决策的方法和策略，帮助大家在遇到阻碍的时候，理清思路。

常用的决策方法有很多，具有代表性的主要有SWOT分析法和生涯决策平衡单。

（一）SWOT分析法

SWOT分析法就是综合分析自身的优势和劣势，外在的机遇与挑战，进而做出生涯决策的方法。其中，S（strength）是优势，W（weakness）是劣势，O（opportunities）是机会，T（threats）是威胁。小K是某高校会计学专业的学生，她的职业规划是做一名家庭理财规划师，请看看她是如何运用SWOT分析法的。

1.我的优势（S）

（1）专业基础扎实。善于表达和写作，学习刻苦，专业课成绩优秀。

（2）实践经历丰富。在学校曾担任科创部部长，且志愿活动经历丰富，寒暑假期间多次去银行等单位实习，责任心强，能力出众。

（3）人格品质良好。性格沉稳，自制力强、做事脚踏实地、脾气温和、落落大方，处事灵活。

（4）理财意识强。对于自己的零花钱能进行合理分配，也会和同学、朋友一起讨论理财产品。

2.我的劣势（W）

（1）魄力不够，偶尔犹豫。

（2）做事心急，偶尔固执。

（3）满足现状，缺乏竞争意识。

3.我的机遇（O）

家庭理财规划师目前是朝阳行业，前景广阔，且市场需求量很大，就业形势相当可观。

4.我的挑战（T）

尽管大学期间参加了会计类专业的很多专业比赛，但是理财类的专业知识仍然欠缺，对于是否能够胜任这份工作心中没底，即使顺利当上家庭理财规划师，也需要恶补理财知识，有一定的适应过程。

（二）运用决策平衡单

决策平衡单主要集中在四个主题上：自我物质方面的得失、他人物质方面的得失、自我精神方面的得失与他人精神方面的得失。在具体操作中，按以上四个主题列出个人所有重要价值观并按其重要程度赋予权重，并将它们作为评判的标准，逐项对所有的选择进行加权计分，最后按最高分排列。

生涯决策平衡单的填写方法：

第一步是明确选项，细化四个主题的具体指标。

第二步是给各种价值观和因素赋予分值，一项价值观或因素的重要性越大，它的分值就越高。“5”为最高权重，代表非常重要，“3”代表一般，“1”代表最不重要，对自我需求和价值观的准确了解，是给价值观和考虑因素指定权重的前提。

第三步是对照具体指标，填写每一项的具体分数。分值在 –5 至 +5，其中“–5”表示价值观和考虑因素完全未能得到满足，“0”表示不知道或无法确定，而“+5”表示价值观和考虑因素在该生涯选择中完全得到满足。

第四步是将各种生涯选择的得分与各项价值观和考虑因素的权重对应相乘进行计分，将结果记录在相应表格内。

第五步是将每一选择下所有的正负分值相加，得出总分，对所有的总分进行排序。

前文提到的学生小K未来的职业是家庭理财规划师，备选目标是银行理财经理，请看看她是如何运用决策平衡单进行分析的（见表 4–4）。

表4–4 生涯决策平衡单示例

考虑项目		权重	家庭理财规划师		银行理财经理	
			分值	总分	分值	总分
个人物质方面得失	个人收入	4	+4	+16	+3	+12
	工作环境	5	+5	+25	+3	+15
	悠闲时间	4	+4	+16	+3	+12
	就业机会	4	+4	+16	+3	+12
个人精神方面得失	兴趣所在	4	+4	+16	+4	+16
	能力认同	5	+4	+20	+4	+20
	挑战性	3	+5	+15	+4	+12
	生活方式改变	3	+3	+9	+3	+9
他人物质方面得失	家庭收入	4	+3	+12	+3	+12
	家庭地位	3	+2	+6	+2	+6
	与家人相处时间	4	+5	+20	+3	+12

续表

考虑项目		权重	家庭理财规划师		银行理财经理	
			分值	总分	分值	总分
他人精神方面得失	家庭相聚	4	+2	+8	+3	+12
	朋友相处	3	+3	+9	+3	+9
	与男友相处	3	+5	+15	+1	+3
合计				203		162

注：权重 × 分值=总分。

四、提升执行力

要将之前的探索和思考付诸实践，通过行动来实现自己设立的工作目标，也就是落实执行。仅仅停留在想法层面，是无法做好职业生涯规划的，要重点提升执行力，同时也要做好有效的时间管理。通常包括：一是合理设置目标，即参照SMART原则设定自己不同时段的目标，目标必须是具体的（specific）、可度量的（measurable）、可实现的（attainable）、有一定的相关性的（relevant）、有时限的（time-bound）；二是开展时间管理。

材料4-2
职业生涯彩虹图

五、评估与调整生涯规划

大学生的生涯规划并不是一成不变的，而是一个动态的过程。因此，大学生要对其进行动态管理，提升评估与反馈的能力。具体内容包括：一是评估，观察生涯规划中的“天时”“地利”“人和”因素，随时观察在达成目标过程中的情绪反应；二是反馈，追问以下问题：我真的适合这个专业或者职业吗？目标是否符合我的实际情况？我目前所做的事是我最想做的吗？我能够实现短期、中期、长期目标吗？对期望的目标我还需要做哪些努力？

自我探索

十年后的名片设计

一、活动目的

想象一下十年后的自己是什么样的？你从事的职业是什么？你希望别人怎么评价你？根据自己的情况个性化设计十年后的名片，更多地了解自己，放飞梦想，扬帆起航。

二、活动过程

1. 个性化设计自己十年后的名片

2. 思考与讨论

（1）你需要通过哪些努力才能获得自己向往的职业？

（2）如果想成功从事向往的职业，你现在应该怎么做？五年规划是什么？十年规划又是什么？

（3）如果到了一定时期，你发现自己的规划和现实不一致，该怎么调整？

三、活动感悟

通过活动，你的收获是______________________________

拓展阅读

1.《你的生命有什么可能》（作者：古典）

打破思维的墙，看到人生的各种可能性

作者古典是生涯规划师、新精英创始人，他带领大家一起探讨人生的各种可能性。内容非常接地气，文笔生动有趣。如果你正迷茫，不知道自己的职业生涯该如何规划，可以在作者的带领和启发下，探索真实的内心，剖析成长的困惑，探索人生的各种可能性。

2.《我的生涯手册》（作者：吴芝仪）

生涯规划，带你赢在起跑线

作者吴芝仪于2008年出版了《我的生涯手册》一书，本书旨在辅助青少年或高职院校学生的自我学习，是生涯辅导课程等工作规划中使用的教材。我的性格如何？我的爱好是什么？我有哪些技能？我未来适合做什么？我该如何进行生涯决策？此书可以教会你做最好的自己，规划幸福人生。

材料5-1
心理漫画第五话

第五章 大学生自我意识

案例 5-1

小雨在初中和高中时一直担任班长，学习成绩优异，长得也很漂亮，深受老师和同学的喜爱。进入大学后，小雨认为，自己理所应当会像高中时那样受欢迎。但在班长竞选失败、社团活动受挫等一系列打击下，小雨猛然发现身边的同学不是“学霸”就是“健将”，能歌善舞，个个都非常优秀，自己不再是“宠”儿，甚至很多方面都不如别人，小雨感到非常自卑。这种理想和现实的落差导致她从自信开朗一下子跌入自卑胆怯，产生了强烈的沮丧感、失落感，她还常常意志消沉和自我否定，从此一蹶不振。

案例思考

1. 小雨是如何看待自己的？
2. 为什么小雨会从自信转为自卑？

第一节 自我意识概述

一、自我意识

如果让你告诉他人关于自己的十件事，在描述的时候必须以“我”开头，可以包括性格、外貌、生活背景、喜好、朋友等，就是能够帮助他人了解你真实情况的信息，你会怎么说？你可能会给出如下信息：

我是一个身高一米八的男生；

我今年 18 岁；

我喜欢打羽毛球；

我有很多朋友；

我喜欢委婉表达；

我的学习成绩一般；

我很爱笑；

我喜欢摄影；

我为人大方；

我是一个表面坚强但内心敏感的人。

以上十条对自己的描述包括了身高、年龄、爱好、人际关系以及对自我性格的觉察，心理学家将这些对自我的描述称为自我意识。

自我意识是一种多维度、多层次的心理系统，是人格调控系统的核心，是一个人对自己的认识，是自我概念、自我评价、自我理想的辩证统一。人在自我概念的基础上产生了自我评价，进而实现自我理想，即首先认识到自己是一个什么样的人，然后评价一下自己怎么样，最后思考自己应该成为一个怎样的人。

每个人在出生后不久就开始渐渐地将自己和他人或物分开，并且在与他人、环境的互动中，不断地完善对自我的认识和感受。诸多心理学家从不同的角度研究人们的自我意识，让我们对自我的认知更加丰富。美国心理学家威廉·詹姆斯将自我分为“主体我”和“客体我”，“主体我”是思考、观察和体验自己的那个“我”，“客体我”是被观察、思考和体验的那个“我”。有些同学在成长中，常常会陷入哪一个才是真实的我的困扰，是过去受欢迎的自己，还是现在被人孤立的自己，这个正在思考此困惑的“我”，就像一个站在更高的角度来审视自己的人，这就是詹姆斯所谓的“主体我”。

精神分析学派的鼻祖西格蒙特·弗洛伊德发现，人的心理活动存在三个不同的功能分区，一个是表达个体心理的本能需要，一个是个体对自己的调节，还有一个是道德标准的要求。于是，弗洛伊德提出了由本我、自我、超我组成的人格结构，这三个“我”在个体的心理活动中发挥不同的功能。本我是人格结构中最原始的部分，代表个体的本能需要，遵循“快乐原则”；超我是个体在成长过程中内化的社会规则和道德规范，遵循道德原则；自我是通过后天的学习和环境的接触发展起来的，协调超我、本我之间的关系。当一个人的超我和本我发生冲突时，如超我的需要是让一个人做一个听父母话的孩子，但本我却很想叛逆，只想听从自己的想法，那么这时自我就会根据现实条件，适当满足本我的需要和超我的要求，因此，自我遵循的是“现实原则”。在弗洛伊德的人格结构中，自我的功能是否强大是评判一个人心理健康和成熟的重要标志。

二、自我意识的结构

自我是一种多维度、多层次的复杂心理现象，可以从不同的角度进行分析。

（一）从活动内容角度划分，包括生理自我、社会自我和心理自我

1. 生理自我

生理自我是个体对自己身体特征、生理状态的认知和体验。它是一个人在与他人交往过程中通过学习而逐渐形成的。它使一个人把自我和非我区别开来，意识到自己的生存是依托于自己的躯体的，如个体对自己身高、体重、长相等的认识。

2. 社会自我

社会自我是个体对自身与外界客观事物关系的认识、体验和愿望，包括个人对自己在客观环境及各种社会关系中的角色、地位、权利、义务、责任、力量等的意识。如大一新生小B在进入大学后，认为自己“已经是个大学生了，应该是一个成熟的人了”，小C在成为入党积极分子后，认为自己“在思想上、行动上都应该严格要求自己，应该承担更多的责任”等。

3. 心理自我

心理自我是个体对自己的心理活动、人格特点、心理品质的认识、体验和愿望，包括对自己的感知、记忆、思维、智力、能力、性格、气质、爱好、兴趣等的认识和体验。如小C认为自己是一个乐观开朗的人；小D认为自己性格稳重、不急不躁；小E认为自己一无是处，内心很自卑；小F在校园十佳歌手比赛中获得第一名时，感觉非常兴奋和骄傲等。这几位同学对自己的心理活动、性格特点等的认知，就是他们的心理自我。

（二）从知、情、意角度划分，包括自我认识、自我体验和自我控制

1. 自我认识

自我认识主要是回答“我是一个什么样的人”的问题，是自我意识的认知部分，是主体我对客体我的认知和评价，即自我认知和自我评价。不恰当的自我认识可能会

导致自卑、自负等心理问题。例如，小陈一直认为自己是一个不被人喜欢的人，他因此常常感到自卑、孤独、悲伤，不愿与人交流；小吴则认为自己是一个非常厉害的人，而周围的同学都不配与他一起玩，这样的自负导致他没有朋友，周围的同学都疏远他。在客观的自我认识基础上做出正确的自我评价，对于个人的心理活动、行为表现及个人在社会群体中人际关系的协调，都具有重要的作用。

2. 自我体验

自我体验主要回答“我是否接受自己”“我是否满意自己”以及“我是否能够悦纳自己”的问题。自我体验是指通过认知和评价而表现出来的情绪上的感受。自我体验的内容丰富，包括满意或不满意、自尊、自爱、责任感、义务感、优越感、羞怯、自卑等。同样的事情，不同的人可能会有不同的体验，如同样考了第二名，有的同学就非常懊恼、自责，而有的同学则非常震惊和开心。

3. 自我控制

自我控制主要回答“我怎样控制自己”“如何改变自己”的问题。自我控制是主体对自身心理行为的主动掌握，主要包括自我检查、自我监督和自我控制等。如小李想在学习上有进一步的提高，就制订了学习计划，并且每天晚上都检查计划的完成情况。

（三）从自我观念角度划分，包括理想自我、现实自我和投射自我

理想自我主要是指自己希望成为什么样的人，应该具备怎样的特征和品质，和对将来或想象中的自我的认识。如小杨希望自己将来可以成为一名科学家，而小周则希望自己能成为一名医生。现实自我主要是指在现实生活中认为自己所具有的特征和品质。如小周在现实生活中就是一名临床医学专业的学生，他非常喜欢自己的专业。投射自我主要是指个体意识到自己在他人面前的形象以及他人对该形象的评价，并由此产生骄傲或屈辱感。如小郑认为自己在妈妈眼里是个一无是处的孩子，在老师眼里是个不学无术的学生，这样的投射自我导致他经常贬低自己。

心理小贴士

乔哈瑞窗口理论

美国心理学家乔瑟夫·勒夫和哈里·英格汉姆提出了关于自我认知的窗口理论，被称为乔哈瑞窗口理论（见图 5-1）。他们用窗户比喻一个人的内心，并将这扇窗分为四个部分：公开自我、盲目自我、秘密自我和未知自我。这四个部分分别位于窗户的左上部分、右上部分、左下部分和右下部分。四个“我”对人类自我的认知范围和认知程度也各不相同，共同构成了一个完整的“我”。

	自己知道	自己不知道
他人知道	公开自我	盲目自我
他人不知道	秘密自我	未知自我

图5-1 乔哈瑞窗口理论

公开自我，也是透明真实的自我，这部分自己很了解，别人也很了解，如一个人的性别、外貌、职业等。公开自我是自我最基本的信息，也是了解自我、评价自我的基本依据。盲目自我，是别人看得很清楚，而自己却不甚了解。可以是一些比较突出的心理特征，如有人轻易承诺转眼却忘得一干二净，也可以是不经意的一些小动作或行为习惯，如一个得意的或者不耐烦的神态，自我常常对这信息觉察不到，而别人却能观察到。秘密自我，是自己了解但别人不了解的部分，也就是我们常说的隐私，不愿意透露或不能让人知道的事或心理。隐藏的内容不一定都是缺点，像身份、往事、疾患、痛苦、窃喜、愧疚、尴尬、欲望、意念等，都可能成为秘密自我的内容，具体视个人的性格和心理而定。相比较而言，心理承受能力强的人、隐忍的人、自闭的人、自卑的人、胆怯的人，秘密自我会更多一些。因为他们不愿意让别人把自己看得太透彻，或者不敢把自己完全展示在他人面前。未知自我是别人和自己都不了解的潜在部分，未知自我仿佛隐藏在海面下的冰山，只有充分探索和开发未知自我，才能全面深入地认识自我、激励自我、发展自我、超越自我。

三、大学生自我意识发展的规律

大学时期是人生的关键期，也是大学生自我意识发展的特殊时期和关键时期，处于青年中后期的大学生，自我意识发展到了新的阶段，经历了一个自我认识、自我体验、自我控制逐渐协调一致的过程。大学生的自我意识会出现一个分化—冲突—统一，并逐渐成熟的过程。

（一）自我意识的分化

大学生自我意识的发展是从明显的自我意识分化开始的。原来完整的、笼统的“我”被打破，出现了两个“我”，分别是主观我和客观我，其中，主观我处于观察者的角色，客观我处于被观察的角色。伴随着主观我和客观我的分化，“理想我（我想成为一个什么样的人）”和“现实我（现在我是一个什么样的人）”也开始分化。自我意识的分化使得大学生开始主动、迅速地对自己的内心世界和行为产生了新的意识，开始注意到以前没有被注意到的“我”的许多方面和细节。这一时期，大学生对自己的反思和分析明显增多，对自我产生的新认知、新体验而带来的种种激动、兴奋和焦虑明显增多。

（二）自我意识的矛盾

自我意识的分化使得大学生开始意识到之前不曾注意的方面，主观我和客观我的矛盾、理想我和现实我的差距等都加剧了自我的矛盾冲突。大学生的自我概念不能统整、自我形象不够稳定，内心为此感到痛苦不安，疑惑困扰。这一时期，大学生对自我的评价常常是矛盾的，时而肯定自己，时而否定自己；时而感到自己什么都行，时而又感觉自己什么都做不好；时而对自己充满信心，时而又感到深深的自卑。这些都会影响大学生的身心健康。

（三）自我意识的统一

大学生自我意识的分化和自我意识的矛盾是自我意识发展过程中出现的正常现象，也是大学生自我意识走向成熟的必经阶段。自我意识的矛盾冲突一方面会使大学生产生痛苦和困扰，但同样会促使大学生积极寻求解决办法，来实现自我意识的统一，主要是理想我与现实我的统一。大学生实现自我意识统一的途径主要有三种：一是按照理想我的要求，努力改善现实我，从而实现理想我与现实我的统一；二是对理想我中的某些不合理、不实际的内容加以修正，并改进现实我，使两者相互接近；三是放弃理想我而迁就现实我。

由于每个大学生的生活经验、成长环境、心智发展水平以及追求目标等方面存在差异，因此，其自我意识分化、矛盾、统一的途径会有所不同，结果也会不一样。

材料5-2
红点实验

第二节 大学生常见的自我意识困扰

一、理想我与现实我的偏差

理想我与现实我发生冲突，是大学生自我意识最突出、最集中的表现。大学生是一个充满理想、充满成就动机并且有所抱负的群体。他们的理想我往往设定得很美好，对大学生活也充满了期待，但当他们面对当前真实的自己、现实中的大学后，现实与心中的理想形成了巨大的反差，导致他们对自己充满疑惑与否认。对理想我的渴望与对现实我的不满构成了这一时期大学生自我意识发展的重要组成部分。我们需要认识到的是，理想我和现实我总是存在一定差距的，合理范围内的差距能够激发大学生采取积极方法努力缩小；但是，如果两者的差距过大，则有可能导致大学生出现一系列的心理问题，严重者甚至会自暴自弃。

二、自卑与自负

（一）自卑感

案例 5-2

小孙，大一女生，有一个比自己小 5 岁的弟弟，她的父亲卧病在床，没有工作能力，养家的重担都在母亲一个人身上。小孙从小就非常懂事，学习也很用功，高中三年成绩一直保持班级第一。考上大学后，面临高昂的学费，母亲到处借钱，终于凑够了她的学费，但生活费需要她自己想办法。为了能够继续念书，小孙在寒暑假、周末都会去兼职。小孙平时生活十分节俭，从来不舍得多花一分钱。可是同一个宿舍的室友，家庭条件都很好，每月还有花不完的零花钱，经常买各种好看的衣服和化妆品。室友谈论的一些话题更是她闻所未闻的，有时候一起聊天她都插不上话。小孙感觉室友打心眼里瞧不起她，内心更自卑，觉得自己就像一只丑小鸭。从此，小孙不再跟室友们一起聊天了。

在案例 5-2 中，小孙因为家庭贫困而感到自卑，在和室友的相处中，更加强化了她的自卑感，因此，慢慢和室友疏远了。自卑感一般是自尊心低下的表现，是一种对自己不自信，甚至否定的情感。过度自卑常常表现为自我评价低、过分敏感和多疑、消极地看待问题，遇事容易往消极方面想、意志消沉，喜欢自我掩饰、不愿意改变，难以接受新事物等。在大学里，人与人的竞争是必然存在的，比如在学习成绩、家世、容貌等方面，没有人会是永远的胜利者，总会在某个方面有不如人的地方。但有的同学过度自卑，自我认识不客观，只看到自己的缺点，忽略自身的长处，否定、抱怨、指责自己，看不到自己的价值，或放大自己的不足，觉得自己什么都不如他人，从而丧失自信心。过度的自卑感不仅会影响大学生正常的学习和生活，而且也不利于其人格全面健康的发展。自卑的大学生通过积极的自我暗示，肯定自己的价值，强化对自己的肯定，可以提升自信心。

视频5-1
心盒子

那么，应该如何克服自卑呢？首先，运用智慧，认清自己。认清自己，就要从坦然接受全部的自己开始。鬼谷子说："所处环境是命，所逢机遇是运。"我们出生在什么环境、长相如何，这些都是先天条件决定的。但是，后天的努力仍然可以让我们的人生有所改变。曾国藩相信，勤能补拙，笨鸟先飞，最后"立功立德立言三不朽"。认清自己的优势与弱势、优点与缺点，扬长避短，做自己擅长的事，这样更容易重拾自信，取得成功。其次，鼓起勇气，面对自己。自卑的人往往自尊心较强，善于用外表来包裹自己，不让他人窥探其内心，其实，这就是不敢面对自己的表现，而且越隐藏自身的缺陷，心里越难受，也越难进步。我们只有直面自己的缺点和弱势，卸下心理包袱，才能将精力投入发展自己中去。再次，保持恒心，改变自己。改变自己不是一句口号，而是需要扎实的行动，在实践中积累，在坚持中成长。找到自己喜欢的一件事，并制定目标去实现它，在这个实践的过程中，你会一点点地积累自信。

（二）自负

案例 5-3

小 G，从小在优越的环境中长大，在学业上也是一帆风顺，现如今已经大四，即将毕业参加工作，但小 G 却说他可能坚持不到毕业了。他现在变得烦躁无比，人际关系一团糟，身为学生会干部无法正常开展工作。由于心不静，他已经有两门功课不及格。原来，小 G 在现实生活中是一个自负的人，他认为自己各项能力都比较强，在同学中表现得不可一世，凡事总认为自己是对的，对别人的意见不屑一顾；同学们在一起讨论问题的时候，他总是有意打断别人的谈话，夸夸其谈。学生会干部在一起开会的时候，他也只顾自己发言，从不给别人说话的机会，这使得同学们越来越不愿意跟他接近。长此以往，他变得烦躁无比，严重影响了他的人际交往。没有同学愿意理他，他再也不能以平静的心态对待校园生活了，于是想到了退学。

在案例 5–3 中，小G对自己的认知产生了偏差，总认为自己是对的，别人是错的，产生了自负的心理。自负是个体自以为是、自命不凡的一种情感体验和情绪表现。当前，大学生普遍比较自信，这是一种优秀的品质，但是有些同学过度自信，就变成了自负。自负主要表现为自我扩张、高估自我，对自己的肯定评价和他人相比有过之而无不及。放大自己的长处，缩小他人的长处，自以为是，易骄傲，常对自己提出过高的要求，承担无法完成的任务，这些也会影响人际关系。

自负和自卑在本质上是一样的。自卑的人往往会用自负来掩饰其自卑的一面。因此，要改变自负，首先，要勇于面对自己内心的自卑。在自负这个外壳下面，不愿意示人的脆弱的、难以接受的自己，其实更需要别人的关注。如果你能够认识到这一点，并开始接纳真实的自己，则是改变自负的前提。其次，要学会欣赏他人。能够看到他人的独特之处，欣赏他人的优点；能够接受他人在某些方面比自己强，是内心强大、自信的体现。最后，要学会平等待人。不把自己凌驾于他人之上，尊重他人的感受，关心他人。

三、过度自我中心

案例 5-4

乐乐，大一，家中独生女，家里人都非常宠爱她，对于她提出的各种要求，父母都会想尽办法满足。她在家学习的时候，父母不敢弄出一丁点儿声音，生怕打扰到她。她想玩手机，父母也不干涉，因为一旦给她提意见，她就会发脾气。这样的宠爱，导致乐乐总觉得周围人都应该围着她转，形成了自我中心的性格。进入大学后，乐乐在和宿舍同学相处时，仍然要求宿舍同学以她为中心。她需要安静时，就不允许宿舍同学发出声音；她睡觉时，宿舍灯必须马上关掉。她的自我中心导致其他同学都因无法忍受而纷纷指责她，继而远离她。最后，乐乐在宿舍和班上都成了不受欢迎的人，但她仍没有意识到自己的问题，反而认为是同学不对。

在案例 5–4 中，乐乐父母的宠溺，导致其认为周围的人都应该以她为中心，应该包容她、让着她，进入大学之后，这种自我中心的性格，让她无法交到朋友。过度自我中心的表现为：凡事从自我出发，只关心自己，先替自己打算，很少站在别人的角度思考问题，不顾及他人的感受和需要；盛气凌人，喜欢把自己的意志强加于人，习惯让别人迁就和服从自己。他们只想索取，不讲回报，因此，常常会与他人产生人际冲突。

过度自我中心的人应该如何自我调适呢？首先要意识到自己的自我中心状态；然后训练自己的共情能力，有意识地站在别人的立场进行思考，慢慢养成可以从多个角度看问题的思维习惯；最后要意识到，只有在关系中既能照顾到自己的感受，又能考虑到别人的想法，才能构建和谐的人际关系，同时也有利于自己的成长。

四、过度追求完美

案例 5-5

小 H，男，大一。从小学习成绩优异，做事认真负责，追求完美，因此，父母和老师都非常喜欢他，经常表扬他。进入大学后，班里同学都是各地来的尖子生，他的成绩一直处于下游，心里感觉很失落。虽然他学习已经非常努力了，但在第一学期的期末考试中，他的成绩仍然没有明显提升，甚至有一门课不及格。小 H 以前从来没有考过不及格，为此父母严厉地批评了他，他也觉得自己很没用。他认为这次不及格就是一个伴随自己一生的污点，让本来完美的成绩单，看起来那么让人不舒服，甚至认为同学们也会因此看不起他。他每日情绪低落，内心苦恼、焦虑，充满了自责。

在案例 5-5 中，小 H 是一个追求完美的人，一次不及格就让他感觉自己完美的形象遭到了破坏，因此感到痛苦。过于追求完美的大学生对自己或他人持过高的要求，常常期望自己是完美无缺的，却不顾自己的实际状况，只接受完美的自我，不肯接纳现实中平凡的或有缺点的自我，其后果往往适得其反，使其对自我的认识和适应更加困难。“月满则亏，水满则溢。”这个世界本来就不存在完美，如果勉强自己去追求完美，那么，只能使自己精疲力竭。

过分追求完美的自我调适方法如下：首先，应树立恰当的自我认知。人无完人，每个人都会有一定的缺点，要接纳自己的缺点，肯定自己的价值。其次，和别人比较的时候要确立恰当的参照目标。人应该考虑到自己的现实情况，立足自己的长处，接受并尽力改进自己的短处。成功时应多反省缺点以再接再厉，失败时应多看到自己的优点和成绩，以提升自信心和勇气。最后，确立合适的目标。在设定目标的时候，不应好高骛远，不设立过高的目标，不苛求自己。

五、过度在意他人的看法

案例 5-6

小 J，女，大一，性格内向，敏感多疑，在与同学交往的时候，常常会因为同学无意间的一句话而痛苦很久，总是认为同学不喜欢自己。有一次，她回宿舍的时候，进门看到三个室友在热烈而欢快地讨论着什么，但是她们看到小 J 进来了，就立即停止了讨论，安静地做自己的事情了。这让小 J 怀疑她们是在讨论关于自己的事情，而且一定不是好事情。她给同学发消息，若是没有得到及时回复，也常常会多想，而且琢磨很久，“是不是我刚才说话的语气不对？还是她对我有意见？不然为什么她以前很快就回复了，这次都过了 3 小时了还没回我呢？”类似的情况经常出现，小 J 为此感到非常苦恼。

在案例 5-6 中，小 J 对人际关系非常敏感，很在意别人的看法，这让她在跟别人交往的时候，常常感到焦虑。在乎别人的想法，这本身是没有问题的，因为我们在与人交往时，如果能体会到别人的想法和感受，就能调整自己的态度、语言和行为，使得双方交往变得顺利。但是过分在意别人的看法，小心翼翼，总想着不要让别人不高兴、别人是否肯定自己等，就会让自己活得太累，而且与之交往的人同样也感受不到交往的乐趣。其实，过分在意别人的看法实质上是我们对自身的过度关注，问题的根本不是别人如何看待我们，而是我们对他人看法的狂热关注和将别人的看法所导致的后果想得太严重。要克服这一困扰，首先，要知道自己的需求。不要总以委屈自己来成全别人，要敢于表达自己的需求和想法，并在乎自己的感受。其次，要学会接纳自我，不把自尊建立在别人的评价上，而是要形成自己的评价体系，建立稳定的自我。最后，不要放大自己对别人的影响。有时候，担心自己说错话惹别人不快，担心自己的做法可能会让他人不舒服，其实是放大了自己一句话或一个行为的负性影响，他人可能并没有在意。

第三节 大学生提升自我意识的方法

一、通过觉察反思，增加对自我的认知

曾子曰："吾日三省吾身。"对于刚刚进入大学的新生来说，通过自我反省来认识自己，学会积极而准确地看待自己，对其今后的发展起着至关重要的作用。不少学生在进入大学后，觉得自己处处不如别人，对自己特别没有信心，甚至全盘否定自己。一个善于自我反省的大学生就会找到原因：过去自己的学习成绩优异，对自己的评价也比较高，但是进入大学后高手如云，自己也就不出众了；而且在大学里，成绩已经不是对一个人评价的唯一标准，社团活动、人际交往，甚至是运动、文娱等方面都变得非常重要。在大学里，我们要更加认真地对待学业，投入更大的精力，同时，也要积极参加各类活动来锻炼自己的能力。

二、以他人为镜，来扩展对自己的认识

他人是反映自我的镜子，与他人交往是个人获得自我观念的主要来源。小时候，我们会从父母的评价中认识自己；长大了，我们会从朋友、老师的眼中认识自己；进入社会，我们会从领导、同事的反馈中进一步认识自己。一个从来不与别人互动的人，对自己的认识是非常有限的，因为在与人交往的过程中，可以扩大自我意识的范围，让我们能够从不同的角度来认识自己。作为一个社会人，不仅能够从别人的评价中认识到自己的不足，并进一步完善自己，也能够从别人的反馈中意识到自己没有发现的优势，从而增强自信心。

三、参与生活实践，体验和塑造新的自我

宋代陆游的诗句中写道："纸上得来终觉浅，绝知此事要躬行。"随着当今数字时代对人才要求的提高，大学生越来越意识到参加实践活动的重要性。通过参加各种实践活动，体验不同的生活，感受与不同人交往的乐趣，通过实践活动中的体验、感受，丰富自我、塑造自我。例如，在志愿服务活动中，通过帮助弱势儿童的实践活动，体验到帮助别人带来的价值感；通过社团活动，和兴趣相投的人一起交流，享受兴趣和友

谊带来的幸福感。自我成长需要在生活实践中不停地学习、体验、感悟。

自我探索

“我是谁”

每位同学在下面的表中以“我是一个……的人”为格式完成十个句子，要求每人独立完成，凭感觉，想到什么就写什么。

我是一个________的人。我是一个________的人。

我是一个________的人。我是一个________的人。

我是一个________的人。我是一个________的人。

我是一个________的人。我是一个________的人。

我是一个________的人。我是一个________的人。

材料5-3
树木人格测验

“假如我是一棵树”

假如你是一棵树，你会是怎样的一棵树？请同学们画一棵代表自己的树。

同学们可以通过这棵树，更多地了解平时没有意识到的自己的某些人格特征。

拓展阅读

1.《**自卑与超越**》(作者:阿尔弗雷德·阿德勒)

在成长中超越自卑,活出精彩

本书的作者阿德勒是个体心理学的创始人,人本主义心理学先驱,现代自我心理学之父。他在《自卑与超越》一书中说:“人人生而自卑。”我们每个人内心深处,或多或少隐藏着一些自卑。有的人,在成长中把自卑变成了人格底色;而有的人,却在成长中超越了自卑,活出了精彩。阿德勒就是战胜自卑、逆袭成功的人生典范。他出生在一个富足的家庭,家中有七个孩子,他排行老二。兄弟们都身体健壮、相貌英俊,唯独他长得既矮又丑,还患有佝偻病。在兄弟面前,他简直就是个小丑。这让他的早年记忆几乎都围绕着疾病展开。但是,阿德勒并没有沉溺在自卑中,反而通过补偿,超越了自卑,活出了自信。他说:“一想到我所做的一切于他人有益,我就真的很难再自卑下去。”

2.《**遇见未知的自己**》(作者:张德芬)

觉察和自省是一切成长的开始

虽然我们现在不愁吃、不愁穿,但仍有很多人存在抑郁、焦虑的情绪,这是因为大家走错了方向——都在外面的世界竞争、比较、抓取,很少有人关注自己内心的满足和喜悦。作者希望通过此书,提示大家快乐幸福的真正途径是向内看,向内探索,取悦自己而不是取悦他人。当我们愿意臣服、谦卑地放下自己的痛苦,而接纳生命之流时,那种自由解放的感受,会让你愈来愈幸福。作者通过紫菱这个主人公,带领我们探索内心丰富的世界,帮我们一层一层地向内看,深入了解自己,悦纳自己。

材料6-1
心理漫画第六话

第六章 大学生家庭关系

案例 6-1

小雨是家中的独生女，从她记事起，爸爸妈妈就经常吵架，相互埋怨，不管遇到什么事情，父母从来都不会好好沟通，说不了三句就开吵。爸爸每天酗酒，喝多了还会打妈妈和小雨，而小雨的妈妈也不能给她关心和支持，反而经常跟她说："要不是生了你，我早就跟你爸爸离婚了。"生活在这样的家庭中，小雨从小就小心翼翼，生怕自己说错话，做错事，也不敢跟父母提什么要求，同学有漂亮的衣服、有好看的书包，而她都是妈妈给她买什么，她就用什么。这样的经历导致她内心胆怯、自卑，习惯讨好别人。她希望摆脱家庭带给她的负面影响，可以活出自己的精彩，但又常常感到无力。

案例思考

1. 小雨为什么会形成胆怯、自卑的性格？
2. 你认为小雨怎样才能走出原生家庭带来的困扰呢？

第一节 家庭概述

幸福的家庭都是相似的，不幸的家庭各有各的不幸。家庭作为一个人最重要的生长环境，给个体带来的影响无疑是巨大的。常常听到这样一句话：幸福的人用童年治愈一生，而不幸的人用一生去治愈童年。这句话强调的是，一个人的童年生活环境对个体产生的影响是巨大的。如果家庭氛围是温馨的、父母是慈爱的，你就会感觉到被爱包围的温暖，无论走到哪里，你都有家庭这个温馨的港湾给你力量和支持；但如果家庭氛围是疏离的、对抗的、冲突的，父母是脾气暴躁的、控制欲很强的，你就会感到痛苦，甚至想远离自己的家庭。当然，父母一时的脾气暴躁，或者一时的家庭冲突，并不会对孩子造成太大的影响，当这种情况长期存在时，就可能给孩子带来较大的负面影响。下面，我们来聊一聊家庭是什么，家庭的功能是什么，常见的家庭困扰有哪些，以及如何与家庭和解，活出自己的人生。

一、家庭概述

（一）家庭的概念

家庭是以婚姻、血缘或收养关系为基础，由共同生活并有相互责任的人组成的社会生活的基本单位。家庭不是从来就有的，也不是一成不变的。它是一个社会历史范畴，是人类社会发展到一定历史阶段的产物。

家庭是社会的细胞。一个人成长的最初阶段是在家庭中度过的，从牙牙学语到蹒跚学步，再到学习为人处世的基本准则，家庭对人产生的影响是非常深远的，家庭的问题也是很多心理问题的根源，要想从根本上解决问题，单纯从个人层面出发是不够的，还要寻找其背后的原因，从根本上解决问题。

家庭是每个人永恒的港湾，是疲惫时的力量源泉、是胆怯时的自信来源，承载了无数人的坚强与信仰，是一份永恒不变的情感寄托。家，在个人的生活中，占据着重要的地位，体现出难以替代的社会价值。可以说，人的一生都离不开家庭。大学生深入理解有关家庭的知识，理解与自身成长相关的知识，能够帮助我们更好地避免家庭困扰、与家人保持良好关系、享受幸福美满的家庭生活。

（二）家庭结构的概念及划分

1. 家庭结构的概念

家庭结构也可称为家庭构成，是指家庭成员的组合状况，即家庭中人与人之间相互联系的模式。家庭成员间的相互排列与组合，相互作用与影响，以及由此形成的家庭规模和类型，就是家庭结构的整体形态。家庭结构是家庭存在的社会表现形式，它同家庭职能、家庭内部人际关系是相互影响、相互制约的。家庭结构表现为三个层面：一是家庭由多少成员组成；二是家庭由哪些成员组成；三是家庭成员按照哪种关系模式组织起来。

2. 家庭结构的划分

从不同角度对家庭类型进行划分，其中最常见的划分方法是二分法。二分法划分标准是：构成家庭成员的人数，家庭成员的排列组合情况。这种方法是基于家庭结构所包括的两个基本方面要素划分的，一是家庭人口要素，即家庭由多少成员组成、家庭规模的大小；二是家庭模式要素，即家庭成员之间的相互联系，以及因联系方式不同而形成的不同家庭模式。

（三）家庭结构的类型

传统的家庭结构主要分为核心家庭、主干家庭和扩大家庭三种类型。

1. 核心家庭——现代家庭的主要形式

核心家庭是指由两代人组成的家庭，由一对夫妻与未婚子女组成，是最基本的家庭状态。核心家庭有婚姻和血缘两条纽带，规模小，家庭关系简单，是一种较稳定的家庭结构。核心家庭中包含两种最基本的家庭关系，即夫妻关系和亲子关系，在社会中，这种家庭结构最为普遍，代表了大多数人的生活。

2. 主干家庭——传统家庭模式的代表

主干家庭又称直系家庭，即由两代或两代以上夫妻组成，每代最多不超过一对夫妻，且中间无断代的家庭，如父母和已婚子女组成的家庭。

主干家庭在许多方面都是比较理想的家庭形式，它具有高度的稳定性和内聚力，并能在一定程度上培养代际的同情心，联络代际感情。它也能在赡老抚幼和管理家务上提供一些便利。主干家庭的缺点是家庭中有两对夫妻、两个中心，因此在主干家庭中，存在争夺家庭执掌权的问题，婆媳矛盾就是常见的例子。

3. 扩大家庭——核心家庭的扩大化

扩大家庭是指经由血缘关系，集父母子女或兄弟姐妹之多个核心家庭组成的，或同居于一个大住宅之内，或分居于各个小住宅而聚于一处的家庭。扩大家庭是在核心家庭基础上的扩大。作为一个家庭单位，扩大家庭比核心家庭的成员要多。

可以说，核心家庭、主干家庭、扩大家庭是现代社会家庭主要的三种家庭结构。其中，核心家庭是最基本的家庭结构形式，是其他几种家庭结构形式赖以扩大的基本单位；主干家庭是由核心家庭向扩大家庭过渡的一种家庭结构，是传统家庭模式的代表；扩大家庭是核心家庭的扩大化。

二、家庭功能

（一）家庭功能的概念

家庭功能，又称为家庭职能，是指家庭在人类生活和社会发展方面所能起到的作用，即家庭对于人类的功用和效能。

家庭的功能不是单一的，而是多方面的，它能满足社会的各种需求，这是其他任何一个社会组织所不能比的。家庭作为一个动态因素，其功能随着社会生产方式的发展变化而变化。家庭功能的正常发展，会促进社会的安定和发展。

从社会构成上看，在人类社会的婚姻家庭制度出现之后，家庭不仅成了社会的基本组织形式，还成为承担社会基本功能的单位。所以，家庭不论被认为是人类社会最基本的组织，还是被视为一个群体，都应满足每个人的需要，同时也能满足社会的需要，发挥种种作用。

（二）家庭的基本功能

家庭虽然不能满足人的一切需要，但是能够满足人的多种需要。家庭是人类社会不可或缺的，具有重要的作用。家庭功能是家庭存在的社会依据。综合家庭在社会发展中所发挥的作用，我们将家庭的基本功能划分为以下六种。

1. 生产功能

生产功能既是家庭的首要功能，也是家庭发挥其他功能的物质基础。广义上说，家庭的生产功能包括家庭中的生产、分配、交换和消费。家庭不仅仅是生产资料的占有单位、生产劳动的组织单位、劳动产品的分配和交换单位，更是消费单位。

家庭消费是家庭的基本功能之一，指家庭收入和支出的水平及安排状况。在原始社会，家庭既是生产单位，也是消费单位，家庭生产的产品几乎全部用于成员自己的消费，很少用于交换。奴隶社会乃至封建社会，以家庭为单位的生产和消费格局亦无根本改变。进入资本主义社会以后，家庭虽不再是社会生产的基本单位，但仍然是社会消费的基本单位，家庭消费形式也由自给自足变成以货币形式交换为主。

2. 生育功能

家庭，从人类进入个体婚制以来，一直是一个生育的单位，是种族绵延的保障。生育包括生殖和抚育。家庭是完成这一职能的基本单位。同时，人们通过生儿育女的方式，绵延人类种族和社会。家庭通过发挥生育功能满足这一基本需求。

3. 抚养和赡养的功能

在家庭的生育功能中我们提及了抚育，从代际关系上讲，抚育是父母对子女生活上的供养，表现为上一代人对下一代人的责任和义务。家庭中的抚养是指夫妻之间的相互供养、帮助，表现为同代人的责任和义务。赡养则是指子女对父母（晚辈对长辈）的供养和照顾。同生育功能一样，抚养和赡养功能同样是延续人类社会所必需的，正因为此，许多国家对家庭中的这一功能进行了法律上的规定。在现阶段，抚幼赡老的责任主要由家庭中具有劳动能力的人承担。

4.教育功能

家庭是人生的“第一课堂”，又是一所“终身制的学校”。家长是儿童的第一任教师。家庭教育担负着传授文化知识、培养道德品质、指导行为规范等使人实现社会化的责任。家庭教育职能发挥得如何，直接关系到人口质量的好坏，它不仅关系到下一代的前途，也关系到社会的进步和发展。

从家庭教育的功能效果来看，家庭教育对人一生所产生的作用是人类社会其他形式的教育行为活动（包括学校教育和社会教育）所无法替代的。

5.家务劳动功能

家务劳动是维持家庭干净、整洁的重要因素，这一职能能否正常、有效地发挥，直接关系到家庭的稳定和亲属间的感情。

6.娱乐、情感慰藉功能

家庭是人的娱乐场所之一。家庭娱乐对于家庭成员有着重要的意义，能够增加家庭生活乐趣，丰富家庭生活内容，调剂家庭成员的智力和体力，满足家庭成员的心理和生理要求。随着社会的发展，家庭娱乐也进入了电子时代。同时，家庭是家庭成员思想感情交流最充分的场所，它给人一种安全感和归属感。

在上述的家庭诸多功能中，生育功能、抚养和赡养功能以及教育功能是家庭的首要功能；生产功能则是基础功能；其他诸如娱乐功能等都是派生功能。

三、家庭对个体的影响

一个人在成长过程中，家庭起着至关重要的作用。个体成长的方方面面都会受到家庭的影响，如性格特点、为人处世的方式等。

个体人格的形成受到家庭环境的影响，其中最主要的是父母的教养方式。美国伯克莱加州大学人类发展学院的戴安娜·鲍姆林德研究发现，有些教养方式会给孩子造成危害，而有些教养方式能够教育出优秀的孩子。鲍姆林德总结了四种典型的教养方式，即权威型、专制型、放任型、冷漠型。

权威型的教养方式。父母会对孩子提出很多合理的要求，并且会认真告诉孩子为什么要遵守这些规则，同时他们也会尊重并倾听孩子的想法，对孩子的反应很敏感，在家庭决策时会征求孩子的意见。这种教养方式下长大的孩子通常是快乐的，孩子能够很好地表达自己的想法，父母也愿意根据孩子的想法而调整自己的教养方法，不仅保证了孩子能够听从父母的意见，还能让孩子的身心得到充分发展。

专制型的教养方式。父母会对孩子设定许多规则，希望孩子能够严格遵守，但对孩子的爱和反馈很少，不会因为孩子的需要或者状况而改变自己的教养方法，往往通过权力（而不是道理）来迫使孩子顺从。由于父母的过度控制，极大地压制了孩子的自主性，所以专制型教养方式下长大的孩子，要么做事情没有明确的目标，要么是为了迎合外界的要求，甚至时常与父母对抗。

放任型的教养方式。这是一种接纳且过于宽松的教养方式，这类父母几乎不对孩子提出要求，孩子可以任意取用父母能够提供的资源，即使孩子犯错也不对孩子进行惩罚。这种教养方式下长大孩子往往显得任性幼稚、自我中心、缺乏自控性，他们也很难和他人合作沟通，遇到分歧时情绪容易冲动。

冷漠型的教养方式。这类父母既不关心孩子现在的情况，也不关心孩子将来的发展，他们要么拒绝孩子，要么被自己的问题所困扰，没有时间和精力照顾孩子。这种教养方式下长大的孩子通常具有较强的攻击性，并且会存在较多的问题及不良行为，他们似乎在用这种方式来表达自己渴望父母的关注。

家庭影响个体的心理健康。家庭中的亲子依恋、家庭氛围等都会给个体的心理带来较大的影响。亲子依恋是在婴幼儿时期，孩子和照料者之间形成的一种情感上的依恋关系。依恋关系会影响个体的情绪状态和自尊水平，不安全型依恋者在抑郁、焦虑等情绪状态上都显著高于安全型依恋者，在自尊水平上明显低于安全型依恋者。因此，在婴幼儿时期，照料者与孩子之间形成一种安全的依恋关系是非常重要的，它对一个人的心理健康影响深远且持久。家庭氛围会对个体的情绪产生较大影响，和睦的家庭氛围会给人带来轻松和愉快，经常争吵的家庭氛围则会让人感到压抑和痛苦，和睦家庭的孩子心理问题发生率明显低于不和睦家庭的孩子。

心理学的研究可以让我们了解更多家庭让人幸福的真相。权威型教养方式能够让孩子更加快乐，家庭的温暖氛围更能让孩子感到幸福。

第二节 大学生常见的家庭困扰

家庭是社会化的重要场所，在个人的成长和发展过程中发挥着重要的作用。家庭环境对个人的人格、心理、行为发展都会产生极其深远的影响。大学生处于个体身心发展的关键时期，面临着许多选择与挑战，家庭的支持能够帮助大学生顺利度过这个时期。然而，部分大学生受到来自家庭的困扰，影响到其学习与生活。

一、父母过于控制

父母的控制在儿童发展中扮演着十分重要的角色。行为控制和心理控制是父母对儿童进行控制的两种主要方式。行为控制是父母通过管理、规则、限制等方式规范子女的行为，使其符合家庭或社会规范的做法。心理控制是强调父母对子女内心世界的侵扰，影响子女的感觉、想法和自我系统的各个方面，如爱的收回、引发内疚感、施加权威等方式。一个人在社会化的过程中，对其心理和行为进行一定的规范是有必要的，只有这样才能帮助孩子建立良好的社会价值体系和行为规范。但是，如果控制方式过于严格，控制范围过大的话，孩子就会有束缚感，从而引发情感上的痛苦和行为上的反抗。例如，有些家长对孩子每天穿什么衣服、交什么样的朋友等，均进行严格的控制，不给孩子一点自主权，这种过度控制的行为会让孩子觉得自己就像提线木偶，只能任由父母摆布，内心感到压抑。在这样的家庭环境中长大的孩子，可能会经常与父母发生争吵，家庭氛围紧张。

案例 6-2

倩倩，大一，家中独生女。倩倩的爸爸是牙科医生，妈妈是化妆品公司的市场部经理，生活条件优越，倩倩也乖巧懂事。倩倩的妈妈是个标准的女强人，大部分精力都扑在事业和倩倩身上，对倩倩非常严厉，不允许她的成绩有一点点的偏差，并试图将她控制在自己手中，不允许别人对倩倩的人生有任何干预。倩倩考入大学后，妈妈仍然"遥控"她的生活，每天要倩倩跟她视频，汇报学习情况，还要将认识的朋友一一讲给她听，甚至还经常打电话给倩倩的室友，询问她的情况。妈妈无疑是爱倩倩的，只不过这种近乎窒息的爱让亲子关系极度紧张。倩倩感觉自己就像提线木偶，根本不是在过自己的人生。

在案例 6–2 中，倩倩的妈妈控制欲很强，总是干涉倩倩的生活，这种控制让倩倩感到窒息、郁闷，严重影响了倩倩的身心健康。

二、父母常常忽视

父母忽视是指父母不关心孩子的成长，未能适当照顾孩子的身体、心理和社会需求，对孩子冷漠、缺少对孩子的教育和爱的状况。"忽视型"父母养育的孩子，在父母身上体验到强烈的被拒绝感，自控能力较差，没有归属感，对他人和外界环境往往采取比较消极的态度。

有些父母可能在物质层面给予孩子充分的满足，但是在情感方面却常常忽略孩子的感受。有些大学生有着花不完的零花钱，但却感受不到幸福，主要是父母忙于工作，或者父母没有花心思去理解孩子，导致孩子的情感需求未能得到满足。根据依恋理论，一个人出生之后，便会对照顾者（主要是父母）产生依恋，这种依恋关系是维系亲子情感交流的重要纽带。常常被忽视的孩子，会产生不安全的依恋模式，产生被拒绝感和被抛弃感，特别渴望被人看见、被人重视。

精神分析理论认为，一个人早期经历的伤害和创伤会对其未来的成长与发展产生不同程度的影响。如果儿童在早期的成长经历中遭到拒绝，就可能会产生一种心理创伤。被父母忽视的孩子，情感需要没有得到满足，他可能就会把这种情感需要压抑到无意识之中，如果压抑过度就会表现出焦虑、抑郁等心理症状。

三、父母过于宠爱

有些父母过于宠爱孩子，孩子想要什么，就给什么，千方百计地满足孩子的各种需求，把孩子宠成了“小公主”“小王子”，尤其是独生子女，受到的关注和爱护就更多了，父母、祖父母、外祖父母都围着一个孩子转，这样的宠爱让很多孩子变得恃宠而骄，形成不关心他人、以自我为中心的个性。

过分宠爱就会变成溺爱。溺爱是一种懒惰的、不负责任的爱。真正爱孩子的家长，会根据孩子成长的不同阶段给予恰当的回应，能够做到“不含敌意的拒绝，不带诱惑的深情”，尊重孩子独立的需求，懂得适度放手，给孩子成长的机会与空间。

一个人的自我建立需要自主探索才能形成，要清楚自己是一个什么样的人，明白自己在社会中的位置。但是，如果碰上溺爱型的父母，就失去了自我探索的机会，也就失去了成长的机会。无论溺爱型父母给孩子安排得多么完美，孩子都会有一种为他人而活的感觉。父母过于宠爱会让孩子产生依赖，甚至一生都无法离开父母而独立生活。

案例 6-3

小 S，大一，家中独生女。在国庆假期结束返校的途中迷路了，她不知道该怎么办，急得坐在马路边大哭。交警看到后，询问了情况，并把她送到了学校。据小 S 说，从上小学开始，她就一直由父母接送，从来没有单独去上学的经历，迷路那次是她生平第一次独自“出远门”。小 S 是父母的掌上明珠，一直生活在蜜罐里。父母心疼女儿，不让她做任何家务，无论小 S 想要什么，哪怕是一些无理的要求，父母也会尽量满足。家里有什么好吃的，都是先给小 S，因此，小 S 认为别人都应该让着她。进入大学后，小 S 希望寝室同学什么事都听她的，可是寝室同学并没有像小 S 父母一样惯着她，这让小 S 非常愤怒。经常因为种种小事与寝室同学争吵，小 S 觉得大学生活过得一点也不开心，萌生了退学的念头。

在案例 6–3 中，小S因为从小被父母过度宠爱，失去了学习人际交往技能的机会，缺乏独立处理人际关系的能力。进入大学后，自我中心的性格让她根本无法交到朋友。

四、亲子关系依赖

亲子关系依赖是指家庭中父母过于依赖孩子或者孩子过于依赖父母。爱与分离，是生命中两个永恒的主题。健康的家庭充盈着爱，也懂得分离。一个健康的家庭，父母深爱孩子，将他养大，不是为了永远与孩子待在一起，而是要将他推出家门，推向一个更宽广的世界，让他去过独立自主的生活。而孩子则会找一个伴侣，也会有自己的孩子，等他的孩子长大后，他也会向父母学习，把他的孩子推向更宽广的世界。爱，就在这样的循环中不断传递，从我们的原生家庭传递到我们新的家庭。

家庭是传递爱的载体，由父母传给孩子，再由孩子向下传递。不管你多么敬爱父母，终究要离开他们，去过你自己的生活。不管你多么疼爱儿女，他们也终究要离开你，去过他们自己的生活。有些大学生对父母过度依赖，进入大学后，缺乏基本的生活能力，究其原因，恰是家长一直忽略孩子基本生活技能的培养，把重点放在孩子的学业上。也有些父母对孩子产生了过度依赖，每天都要给孩子打电话，关心其生活、学习。即使孩子表现出明显的抗拒，父母仍然不能停止与孩子的交流，不然心里会很难受。亲子之间的过度依赖，不利于大学生的健康成长。

案例 6-4

小 T，家中独生女。小 T 和妈妈关系亲密，像是闺蜜，无论遇到什么事情，小 T 都会跟妈妈讲，即使已经进入大学，母女俩每天视频 2 个小时，有着说不完的话。小 T 常常会担心妈妈，经常嘱咐爸爸要照顾好妈妈，不要让妈妈晚上独自一个人回家，要去接她，家里的煤气罐要记得关掉等。而妈妈也同样会担心小 T，在学校里和同学相处得如何，饭菜合不合胃口，学习有没有遇到什么困难等。在家里的时候，爸爸就像隐形人，每次都是母女俩一起散步，一起逛超市，爸爸常常一个人待在家。小 T 的同学都说她像个没长大的孩子，都大学了，还那么依赖妈妈。

在案例 6-4 中，小T虽然已经是大学生了，但生活的重心、交往的重心仍然还在母女关系中，母女两人好似共生一般，你离不开我，我离不开你。在这样的家庭中，亲子关系显然超越了夫妻关系，在家庭中起着重要的作用。这样的家庭关系看起来非常亲密，但实际上对小T的成长不利，让她缺失了成长为一个独立的、成熟的、有自己生活的成年人的机会。

五、留守带来缺失

随着社会经济转型，大量劳动力从农村流动到城镇，与之相伴的留守儿童问题作为一个公共议题，受到社会的广泛关注。留守儿童是指父母双方或一方从农村流动到其他地区，子女留在户籍所在地，不能与父母双方共同生活的未成年人。

儿童时期是个体身心发展的关键时期，父母的缺席会对儿童造成多方面的影响。留守经历对儿童造成的影响是持续而深远的，这种影响会一直持续到儿童成年后。现在具有留守经历的大学生日趋增多，成为大学校园中不可忽视的一个群体，他们具有一些独特的发展特点。研究表明，有留守经历的大学生常表现出自我评价低、人际交往退缩、焦虑与抑郁水平高、心理发展不平衡的特点。在他们的儿童时期，父母长期外出务工，父母一方或双方的缺位导致他们与父母深层情感交流的缺乏，心理支持薄弱。

有留守经历的大学生由于在童年成长的关键期缺少父母的陪伴，内心存在情感缺失，容易产生负面的情绪，人际关系也会受到一定的影响。与无留守经历的大学生相比，有留守经历的大学生更容易表现出乐群性和心理韧性较低、精神质高、易焦虑和抑郁、自我和谐状况较差等特点。

案例 6-5

小 U，大一，独生子。小 U 从小跟着爷爷奶奶一起生活，父母均在外地打工，一年才回家一次。小 U 从小性格内向、敏感，非常渴望能够和爸爸妈妈一起生活，渴望能够接到爸爸妈妈打来的电话，但是小 U 的父母很少打电话给他，即使过年回家，也很少陪伴小 U，而是整天走亲访友，没待几天又去外省打工了。小 U 内向敏感的性格让他很难交到朋友，他常常一个人躲在角落，默默地学习、吃饭。小时候他还渴望父母能够多关心和陪伴自己，长大后，他的心门便对父母关上了。他认为，心里已经没有父母的位置了，因为在他需要的时候，父母根本没有给予自己爱与陪伴。

在案例 6-5 中，小U的成长过程因缺少父母的陪伴与关爱，所以他的心门渐渐关闭，情绪也变得抑郁、孤独。早年缺乏的爱，让小U少了很多幸福的体验，也影响了他的性格。

六、父母的不理解

人与人之间的理解有时候很难，亲人之间的理解可能会更加困难，关键原因在于，我们习惯从自己的坐标体系出发，去推测、揣摩、评价甚至抨击另一个人，尤其是与我们亲近的人，却完全忘了对方也有一个与自己完全不同的坐标体系。

许多大学生常常与父母发生争吵，原因是觉得父母根本不理解自己的想法和感受，当自己跟父母说“在寝室里，感觉很孤独，室友都不太跟我讲话”时，其实是希望父母可以安慰一下自己，但是有些父母会说“别人不理你，肯定是你的问题呀”，寻求安慰无果，反而得到父母这样的回应，因此感到委屈、愤怒。其实，这时更需要的是父母能理解自己被室友冷落的感受和情绪。在家庭成员之间的关系中，理解和接受彼此的感受是最核心的，如果父母能够抛开自己的想法，尝试进入孩子的内心，感受一下孩子的情绪，就可以理解孩子更需要的是什么了。当然，同学们也要意识到，由于成长环境不同、身份角色不同、认知范围也不同，所以我们对父母的“不理解”可以“理解”一下，接受父母有些时候不能感同身受。另外，我们也要主动表达对父母的期待，告诉他们你希望他们怎么回应你，这样也可以帮助父母更好地理解你。

心理小贴士

几种心理治疗技术

家谱图技术。家图谱技术源于系统家庭治疗，是一种基本的临床工具。它以图的形式来描述家庭内部从祖父母到自己三代人的血亲关系和婚姻关系。当我们感觉深受家庭困扰的时候，可以通过画家谱图的方法来呈现家庭中的各种关系及有关家庭的信息。通过家谱图可以清晰地看到自己家族的脉络，清楚家庭成员之间的关系。

家庭雕塑技术。家庭雕塑技术是萨提亚模式中常用的一种重要技术，它通常是由一位家庭成员扮演导演，摆放每个家庭成员的位置和姿势，所形成的场面代表这个家庭成员对整个家庭关系的看法。家庭雕塑技术主要是利用空间、姿态、距离、造型等非言语方式生动形象地重新观察家庭成员之间的互动关系和权力斗争情况，增加个体对自我与家庭动力的觉察。家庭雕塑技术中的角色通常包括雕塑者、指导者、角色扮演者以及观众。

空椅技术。空椅技术是格式塔流派（又称完形心理学派）常用的一种技术，是使来访者的内射外显的方式之一。它的本质就是角色扮演。空椅技术是运用两把椅子，要求来访者先坐在其中一把椅子上，扮演内心冲突情境的一方，然后换到另一把椅子上，扮演内心冲突情境的另一方，且让来访者所扮演的两方持续进行对话，以逐步达到自我的整合或者自我与环境的整合。在处理家庭冲突时，也可以运用空椅技术，表达情绪，调节家庭矛盾等。

视频6-1
空椅技术

第三节 大学生家庭困扰的应对方法

每个家庭都存在各种各样的困扰，面对这些家庭困扰，大学生可以从不同角度、不同方面寻求各种方法与策略去维护与家人之间的关系。

一、确立恰当的家庭边界

边界就像调节不同个体之间、不同子系统之间以及整个家庭的个体和子系统之间的相互接触的、看不见的屏障。一个家庭中的成员，生活在一起的时间很长，关系也会非常紧密，很容易丧失边界感，导致一些家庭矛盾。家庭边界指的是家庭与外界、家庭内部各系统之间存在的界限。良好的家庭边界可以保障家庭与外界、家庭成员内部彼此之间的分离和自主。

功能正常的家庭，可以维持弹性的边界，既能相互温暖、彼此支持，又能保持各自的独立性、自主性。而边界模糊的关系，则过于紧密，相互纠葛，各个家庭系统之间容易相互干扰、相互侵入，甚至相互替代。这也是造成家庭关系混乱，阻碍家庭成员自主性发展的主要原因，尤其不利于孩子的成长。比如，父母常常会越界，侵入孩子的空间，偷看孩子的日记，过度介入孩子的生活等。家庭边界过于清晰，则会让家庭成员感受到情感淡漠、疏离，缺少温暖和支持。

因此，为维护与家人之间和谐的家庭关系，大学生要懂得确立恰当的家庭边界，既不过于僵化，也不过于模糊松散，与家人共同努力形成一个适合于自身家庭的恰当边界。

二、采用有效的沟通模式

沟通在现实生活中起着非常重要的作用，无论是熟悉的人还是陌生人，进行良好的沟通能够解决很多问题、避免很多不必要的矛盾。同样，在家庭中，沟通也起着非常重要的作用，良好的沟通能够解决很多家庭矛盾和冲突。

主动交流，保持联结。找一些时间，与父母主动谈一谈自己的学校、老师和朋友，高兴的事或不高兴的事，与家人分享你的喜怒哀乐。

创造机会，增进感情。经常性地与父母一起做事，比如做饭、逛街、运动，边做事情、边交流。有了共同做事情的经历和体验，会增进你和父母的情感连接，沟通起来也会更加顺畅。

控制情绪，理性沟通。当父母在跟你讲一件事情，或者因为某些事情对你发脾气时，又或者你因为父母的某些行为而感到愤怒、委屈时，先尝试理解自己的情绪和父母的情绪，等情绪平复后，再去理性地沟通事情，这样做的效果会更好。如果双方都在气头上，讲出来的话大都是气话，也就很难做到有效沟通了。

换位思考，尊重理解。很多时候争吵都是因为我们只考虑自己，很少站在他人的角度去思考。在和父母沟通时，尝试站在父母的角度考虑问题，替他们想一想，了解他们的目的、想法，这样会使我们变得更加冷静和理智。

求同存异，包容接纳。很多时候，我们会出现沟而不通的情况，这个时候不要走极端，而是要求同存异，这样既保留了自己的一些想法，又尊重了父母的观点。相互妥协，包容接纳，既要表达自己的想法与观点，同时也要尊重父母的想法与观点。

三、接纳不可改变的现状

在心理学中，“接纳”一词主要是指在客体中保持意愿、顺其自然的态度及其行为表现。面对一个客观的环境，当你无法靠自己的力量去改变时，最有效的选择是学会客观地接受现状。家庭也是如此，面对家庭中无法改变的现状，我们就要努力去接纳。许多现状是我们无法回避的，也是别无选择的，我们要做的是进行自我调整，接受这个不可改变的现状。抗拒现实，有可能会毁了自己的生活，还有可能使自己的精神处于崩溃的状态。因此，人在无法改变家庭环境时，要学会接受它、适应它。

我们没有办法选择自己生在一个什么样的家庭，也没有办法选择自己拥有怎样的父母，这是我们必须接纳的事实。有些父母在常年的生活中，人格已变得非常僵化，在思想上和行为上很难有所改变，无论你用什么办法，都无法让父母成为你心中期待的样子。那么，我们就要学会接受，并在接受的基础上，重新思考应该与父母维持一种怎样的关系比较好，与父母如何沟通会减少对彼此的伤害。

四、尝试与原生家庭和解

当我们的父母无法改变，但又对我们产生较大的负面影响时，我们该怎么办呢？系统式家庭治疗给出了“和解”这一答案。所谓和解，并不代表同意，也不代表喜欢，更多的是代表一种和平相处的模式。但是与父母和解并不是一件容易的事，因为作为一名大学生，在经济上、心理上对于父母还具有一定的依赖性，有时候父母想要掌控、干涉其生活时，要做到和平相处就更难了。我们可以从“了解、理解、和解”三个方面进行尝试。

首先，要去了解父母的成长经历，了解他们是怎么从孩提时代走到现在的，这个过程中发生了什么，对他们产生了什么影响。你可能会发现，原来暴力的父亲，也曾经是暴力的受害者。

其次，当我们全面了解父母的成长环境和经历之后，我们就更能理解父母为什么会带给我们这些创伤了。

最后是和解。每个父母爱孩子的能力有限，我们想要的却无法得到，不是父母拥有却不给我们，而是因为他们没有，所以也就无法给予。

自我探索

了解你父母的成长经历，分析他们的成长经历对其当前的性格、对养育你的方式有什么影响？

你和你父亲的关系：____

它对你的影响：____

你和你母亲的关系：____

它对你的影响：____

拓展阅读

1.《心理抚养》（作者：李玫瑾）

养育孩子，心理抚养比物质抚养更加重要

本书作者李玫瑾，现为中国人民公安大学教授，长期从事犯罪心理和青少年心理问题研究，在未成年人教育方面有丰富的经验。本书传递了一种全新的育儿理念：养育孩子，心理抚养比物质抚养更加重要。她认为，心理抚养包括情感、性格、观念、能力四个方面，父母需要参与心理抚养的全过程。虽然本书主要讲述养育孩子的理念，但是读书的整个过程却是一个治愈的过程，曾经受过的创伤可能会在整个阅读过程中不知不觉得到治愈。

2.《原生家庭：如何修补自己的性格缺陷》（作者：苏珊·福沃德和克雷格·巴克）

从与父母的负面关系模式中解脱

不健康的家庭体系，就像高速公路上的连环追尾事故，其恶劣影响会代代相传。作者通过工作中收集到的大量真实素材，详细分析了不健康的原生家庭给子女带来的伤害，以及这种伤害是如何影响子女成年后的生活的。但是，作者并非在指责这样的父母，而是在帮助受伤的孩子，学会应对不健康原生家庭的方法与对策，帮助他们从与父母的负面关系模式中解脱，从而获得生活下去的勇气和力量，得到自由和幸福。

材料7-1
心理漫画第七话

第七章 大学生人际交往

案例 7-1

小雨性格比较内向、敏感，与寝室同学相处时，说话非常小心，她常常担心自己的话会让寝室同学不开心。为了维护和寝室同学的关系，她常常帮忙买早饭、拿快递，积极主动地打扫寝室卫生，生怕寝室同学不跟她玩了。可是，小雨有需要的时候，寝室同学并没有给予关心和帮助。有一次，小雨脚崴了，疼得厉害，她想让寝室同学乐乐陪她去医院看一下，但是乐乐忙着和男朋友约会，没有陪她去。小雨感到非常失望和难受，还有一丝丝愤怒，因为无论乐乐请小雨帮什么忙，小雨都会不顾自己的事情去帮她。由于这种“不对等”的关系，小雨时常感觉烦躁。她不想再跟室友们一起了，但又担心没有人一起会很孤独，那样她在寝室就像空气一样，没有人在意了。为此，小雨内心很纠结，上课时无法集中注意力，晚上睡觉时心烦意乱睡不着。

案例思考

1. 引起小雨和室友矛盾的原因是什么？
2. 如果你遇到这样的情况会怎么处理？
3. 如果你是乐乐，你会如何看待小雨的行为？

第一节 人际交往概述

一、人际交往的含义

人是社会属性的人，在社会中，人与人之间有着多种复杂的关系。《中国大百科全书·心理学》把“人际关系”定义为：“人们在共同活动中，彼此为寻求满足各种需要而建立起来的相互间的心理关系。”人际交往则是人们在建立关系过程中交互信息、交流思想、联络感情而进行接触的心理过程。

大学生的人际交往可以理解为其在社会实践过程中为了适应自身的生存与发展的需求而引发的思想、情感、行为的互动过程。影响人际交往的因素有很多，比如个体的认知、情感、人格、时空接近、相似或互补、能力与外貌等。

二、人际交往的意义

人际交往能力不仅是衡量一个人社会适应能力的标志，也是影响一个人人生发展的重要因素。大学是一个人的人际关系走向社会化的一个重要转折时期。进入大学之后，你会遇到各方面的人际关系，如同学关系、朋友关系、师生关系等。这些关系是大学生活中必不可少的一部分，面对众多的人际关系，有的同学因为处理不好而郁郁寡欢，有的同学因为人际关系紧张而感到巨大的压力，甚至出现不同程度的心理困扰。人际关系不仅影响个人的身心健康，还关系到整个社会的稳定发展。良好的人际交往可以促进人与人之间的交流，实现信息交互，能增进人们的协作，共同完成生活工作任务。同时，人们还可以从友好协作的人际关系中汲取力量，提升身心健康水平。

（一）人际交往是个体成长过程中的基本需要

我们从生命诞生之初就开始依赖他人，主要是依赖母亲的照顾，母子关系是我们出生后体验到的最早的人际关系，而母亲在孕期也需要他人的照顾，这样我们也间接地和他人建立了联系。这个人际关系网络为我们的生存、成长提供了基本保障。马斯洛曾在其需要层次理论中指出，当一个人的基本生理需要和安全需要获得满足后，就会产生归属需要。归属需要主要表现在我们需要与他人建立并保持长期的、积极的和有意义的关系的愿望。进入大学后，我们也想交到知心朋友，想与老师保持良好的关系，想与朋友分享快乐、分担痛苦。

（二）良好的人际交往有助于心理健康

当人们处于和谐的人际关系之中时，心情愉悦，对健康有益；反之则会带来消极影响，严重的甚至会导致心理异常。所以说，良好的人际关系是健康心理的重要组成部分。好的人际交往可以让人们保持轻松愉快、积极向上的心态。不良的人际交往会影响人的心情，使人感到焦虑、不安、沮丧、恐慌，讨厌或者生气。现代医学研究表明：人的身心健康与否，在很大程度上取决于其与他人的关系。健康之道在于“和”，所谓“和”就是人和，即和谐、融洽的人际关系。有些大学生因和寝室同学之间发生矛盾，而严重影响自己的睡眠、情绪，甚至在学习上无法集中注意力；有些同学因和朋友发生争执，而陷入冷战，心情抑郁。可见，人际关系出现困扰，也会影响到我们的身心健康。

（三）良好的人际交往有助于认识自我

孔子曾经说过，“独学而无友，则孤陋而寡闻”“三人行，必有我师焉”。人际交往是交流信息、获取知识和经验的重要途径。大学生通过与人交往，可以丰富自己的经验，增长见识，开阔视野，活跃思维。在与他人交往的过程中，也可以以人为镜，反观自己，扩大对自己的认知。因此，人际交往是认识自我、完善自我的有效途径。

（四）良好的人际交往有助于事业成功

一个人的力量是有限的，如果能获得周围朋友的帮助，那么事情就更容易办成。正所谓“天时不如地利，地利不如人和”。不论从事何种行业，如若人际关系好、处世技巧得当，都会对个人事业大有裨益。

三、人际吸引定律

人际吸引指的是在社会交往活动中，双方互相喜欢、互相吸引和亲近的态度，是人际关系中的一种积极回应，也是人际交往可以持续的基础。在人际交往中，人与人之间的相处是吸引还是排斥，会受到一些因素的影响，这些因素构成了人们之间吸引或排斥的基本规律，即人际吸引定律。人际吸引定律主要有以下几种。

（一）接近吸引定律

接近吸引定律，也被称为邻近定律，指的是因交往双方有接近点，彼此时空距离、心理距离相近，从而相互吸引。接近吸引力发生作用是在一定条件范围内，而不是无规律可循的。即使处在比较近的距离，如果彼此之间交往很少或者没有交往，那么也很难产生吸引力。另外，双方在交往过程中产生积极的体验也很重要，如果双方在交往中发现彼此格格不入、差异较大，容易产生较多矛盾或冲突等消极体验，那么接近吸引力也难以产生作用。

（二）相似性定律

俗话说：物以类聚，人以群分。有些人虽然住在同一个寝室，空间上的距离非常接近，但也未必能够成为朋友，有些人虽然认识多年，但价值观不同、兴趣爱好不同，也难以靠近。当代社会学家费孝通曾在其《乡土中国》一书中提出地缘、趣缘、血缘等对人与人之间关系产生影响的因素。进入大学后，是否有共同的兴趣爱好、三观是否一致，更容易影响其关系。不少大学生会进入一些兴趣圈子，如饭圈、汉服圈、电竞圈、配音圈等，这些都是因为兴趣相投而产生的人际交往圈子。

（三）互惠吸引定律

互惠吸引定律是指人与人之间进行交往时，若双方都能为彼此带来利益或报酬，则会提高彼此的吸引力。这种互惠体现在情感互慰、人格互尊、目的互促、困境互助和过失互谅几大层面，其中有物质层面的“礼尚往来”、利益层面的“欲取先予”、道义层面的“知恩必报”。同学们如果能够谨记互惠吸引定律，在与人交往的时候，就能够投桃报李，既能帮助别人，也能获得别人的帮助，一来一往，渐渐地就成了朋友。

（四）互补吸引定律

互补吸引定律指的是交往双方在社会中处于不同角色定位时，双方的性格品质、需求和满足需要的途径正好互补，就如同好朋友双方互补优缺点一样，彼此就会产生强烈的吸引力。互补能产生吸引力的根本原因在于，交往双方满足彼此的心理需求时，会产生积极正面的心理体验，使人心情愉悦，从而形成良好的人际关系。并且，在人际交往初期，相似性定律发挥的作用较明显；但在人际交往的后期，互补吸引定律占据优势，体现在学习、工作和生活中，起到相得益彰的效果。

四、人际交往的距离

交往双方的人际关系以及所处的情境决定着相互间自我空间的距离。人与人之间的关系不同，交往距离也会不同。美国人类学家爱德华·霍尔划分了四种空间距离，即公共距离、社交距离、个人距离和亲密距离，各种距离都与对方的关系相称。

公共距离。一般来说，人与人之间的距离就是公共距离，例如，公园散步、路上行走、演讲者与听众的距离等。在一些场合中，选择和保持合适的距离是极为重要的。

社交距离。交往双方就像隔一张办公桌的距离。一般工作场合人们多采用这种距离交谈，如医生与患者、上级与下级、顾客与售货员之间等，与没有过多交往的人打招呼也可以采用此距离。

个人距离。这是伸手就能够碰到对方的距离，是关系比较亲密的同伴之间，也是在进行非正式的个人交谈时经常保持的距离。

亲密距离。一般是亲人、熟悉的朋友、情侣、夫妻之间交往的距离，这是为了爱抚、安慰、保护而保持的距离，是双方关系最接近时的距离。

除了上述的距离外，人们在与他人交往时，还会有一个心理距离。在实际生活中，有些人之间虽然非常熟悉，但内心仍然保持较远的距离；有些人之间可能刚认识没几天，却相见恨晚。每个人内心都有一杆秤，来衡量与他人保持怎样的交往距离，遇到不同的人，会采取不同的开放程度和交往方式。想一想，在与你交往的人中，你与他们保持了怎样的心理距离呢？

活动体验

如果最中间的圆是你自己，外面的圈层根据你和他人情感亲密程度进行划分的话，那么你的人际交往圈中，每一层都有哪些人呢？请填在下面的圈内（见图 7-1）。

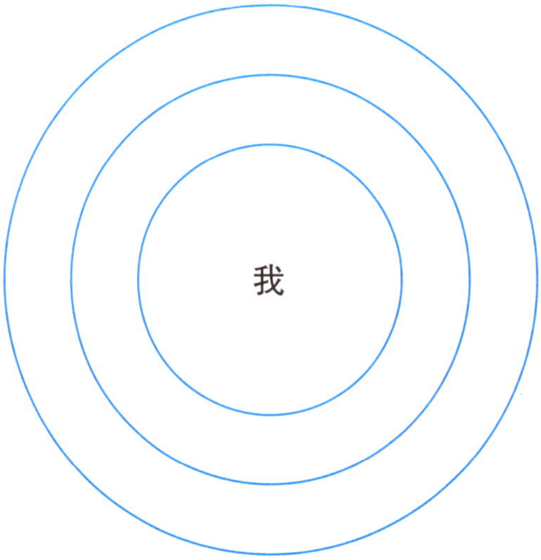

图7-1　我的人际交往圈

五、人际交往的态度

美国心理学家埃里克·伯奈认为，人们在交往过程中之所以会出现各种各样的心理问题，往往是因为采取了不正确的交往态度。他根据多年的调查研究发现，人们的交往态度有以下四种模式：“我不好——你好，我不行——你行”“我好——你不好，我行——你不行”“我不好——你也不好，我不行——你也不行”和“我好——你也好，我行——你也行”。这四种人际交往的态度模式是建立在一定的价值观念、认知方式、个性特征以及行为习惯等诸多因素基础上的。

“我不好——你好，我不行——你行”的人际交往态度模式。持这种态度的人常常感觉自己是无能的，无论做什么事都做不好，而其他人则比他强很多。有些大学生在和朋友相处过程中，一旦出现争执，常常认为是自己做得不够好，导致了两个人的矛盾。

“我好——你不好，我行——你不行”的人际交往态度模式。持这种态度的人总认为自己对别人很好，而别人对自己很不好，常常把人际交往中的失败与挫折归结为是他人不好造成的。在大学生活中，有些人看不到自己的问题，而总是看到别人的问题，这样的人际交往态度常常导致人际困扰，甚至因此而交不到朋友。

“我不好——你也不好，我不行——你也不行”的人际交往态度模式。持这种态度的人，往往认为自己很无能，而别人也并不比自己强，既不自信，也不崇拜别人，既不会去爱别人，也会拒绝别人的关爱。大学生中也存在这样的人，他们似乎对整个世界都持消极的态度，总是否定、贬低自己和他人，甚至不愿意与人交往。

“我好——你也好，我行——你也行”的人际交往态度模式。持这种态度的人既能够悦纳自己，也能够接纳别人，能够正视现实，并努力去改变他们能改变的事物。他们善于发现自己、他人和世界的美好。

以上四种人际交往态度模式中，前三种往往会造成人际交往中的冲突与矛盾，都是有缺陷的人际交往态度，第四种是我们在人际交往过程中应当持有的一种适宜的人际交往态度，这种态度有助于我们建立良好的人际关系。

第二节 大学生常见的人际困扰

一、人际冲突

良好的人际关系有利于提高个体的生活幸福感，也有利于营造和谐的社会环境。然而个体的生活背景、教育程度和生活阅历等的不同，导致人们的价值观、知识广度以及人际沟通方式等参差不齐。这无疑为个体间相互沟通交流制造了很大的障碍，导致人际冲突频发。

人际冲突主要有以下几个特征：第一，冲突发生在两个或两个以上社会个体之间，具有很强的互动性，冲突双方既相互影响又相互依存，根据冲突产生的原因不同达到不同的冲突效果；第二，冲突中存在对立和大量的分歧矛盾，具有对抗性，这些对抗会随着冲突的演变不断变化，使双方的观点充分碰撞，客观上促进了彼此的交流与理解；第三，冲突给人带来的是负性的内部体验，表现为内心的愤怒、悲伤、怀疑和敌对等情绪。

大学生的人际冲突比较常见的是宿舍室友之间的冲突。宿舍生活是大学生活的重要组成部分，很多同学每天的大部分空余时间是在宿舍中度过的。宿舍室友之间由于空间有限，以及每个同学的性格、生活习惯、作息规律、卫生习惯、兴趣爱好等的不同，往往会产生各种各样的摩擦，导致人际冲突。

案例 7-2

小雨、静静、乐乐和倩倩同住在一个宿舍。进入大学两个月来，四个人由于性格差异太大，常常发生矛盾。小雨是一个敏感、内向的人，平时很少讲话，经常独来独往。乐乐是一个自我中心的人，常常按照自己的需要来制定宿舍的规则，比如空调遥控器就放在自己这里，她想什么时候开就什么时候开，喜欢开着宿舍的窗通风，但静静的床紧挨着窗户，冷风常常吹到她，她想关掉窗户，而乐乐则不肯，两人为此经常吵架。倩倩是个一心扑在学习上，其他事情全然不管的人。无论静静和乐乐怎么吵，都对她毫无影响。静静经常在朋友圈发布关于乐乐的言论，这让乐乐更加恼火，直接和静静翻脸。四个人的宿舍，并没有其乐融融的样子，而是让人感觉冰冷，没有温度。

在案例 7–2 中，四个女孩同住在一个宿舍，性格各有不同，谁也不肯宽容和妥协，这就非常容易导致宿舍矛盾。生活在这样的宿舍里，可以想象是多么地让人不舒服。

有的同学喜欢早睡，而有同学喜欢晚睡；有的同学喜欢听音乐的时候开着音响，而有些同学则希望宿舍可以安安静静；有些同学喜欢干干净净，而有些同学则喜欢随意摆放物品。这些生活习惯上的差异，也会导致宿舍人际冲突。

案例 7-3

小 K 是个非常爱干净的女孩，自己的床、书桌和物品都整理得井井有条。小 L 则是比较随意的人，她的桌子常常是乱七八糟的，零食和书乱堆放。如果只是小 L 自己的书桌和床比较乱也就罢了，让小 K 难以忍受的是，她在卫生间洗头发的时候，头发掉得到处都是，弄得卫生间非常脏乱。虽然跟小 L 说过很多次，小 L 偶尔也会清理，但并不是每次都清理得那么及时，这让小 K 非常恼火，为此，两个人经常争吵。后来在同宿舍小 M 和小 N 的安抚和协调下，两个人才渐渐妥协，重归于好。

除了女生之间（见案例 7–3）容易产生冲突外，男生之间（见案例 7–4）也很容易因为生活习惯的不同而产生矛盾，主要集中在卫生习惯、睡眠习惯等方面。

案例 7-4

小 P 由于小时候得过一场大病，所以特别在意自己的身体。从小到大，他都非常注重休息，每天晚上十点上床睡觉，早晨六点起床运动，三餐按时吃，不吸烟、不喝酒。进入大学后，宿舍的小 Q 是一个每天都要吸烟的人，一开始他还比较注意，每次都到宿舍外面吸，后来大家熟悉了，小 Q 就不怎么顾忌了，常常在宿舍里吸，弄得烟雾缭绕，这让小 P 非常生气。他虽然多次提醒小 Q，但小 Q 只是随意应付几声，下次仍然在宿舍里吸烟。不仅如此，小 Q 还是一个热爱打游戏的人，常常一边吸着烟，一边打联机游戏，还和游戏队友大声喊叫。小 P 实在忍受不了，就去找辅导员倾诉。

有些人际冲突发生在班级同学之间，如奖学金的竞争、班干部的竞选、小组作业分配等；有些人际冲突发生在社团、学生会等团体中，如工作分配不公平、性格差异等；还有些人际冲突发生在师生之间。这些人际冲突，常常会导致大学生情绪上的痛苦，从而影响学业。

导致大学生人际冲突的原因很多，主要表现在以下几个方面：①个体差异。来自不同地区、不同家庭环境、不同文化背景的大学生，价值观不同，生活习惯各异。这些差异导致大学生在相互交往时，容易产生分歧。②缺乏人际交往能力。有的同学想关心别人又不知道该怎么做；想赞美别人又不知从何开口；想和大家交流又不知道该说什么；想与人为善却在表达时语言生硬；想要好好说话来解决同学间的分歧，但受到情绪影响，讲着讲着就变成了指责、批评、争吵，这样反而加剧了矛盾。③性格因素。大学生在人际交往中，性格影响着同学间彼此的印象与感受。例如，自私自利、为人虚伪、不尊重人、敏感多疑、过分自卑、骄傲自满、过于执拗等性格特点，比较容易造成人际冲突。

二、人际孤独

人际孤独是个体觉得自己缺少令人满意的人际关系，有时会因为交往愿望和实际水平出现落差而产生的一种主观心理感受或体验，常伴有孤独、无助、抑郁等不良情绪反应和难以忍受的空虚感。有些同学不知道该如何交朋友，一个人独来独往感觉很孤独；有些同学虽然有很多朋友，但知心的却没有几个；也有些同学一开始交到了几个朋友，但是由于一些摩擦、冲突，和朋友分道扬镳。孤独感已构成大学生心理问题的一个重要方面。

孤独感是一种负面情绪，大学生的孤独感主要表现为孤立无助、郁闷、自卑、抑郁、焦虑等情绪反应。一般来说，大学生的孤独感最直接的表现是羞怯和孤僻，感到孤独的大学生一般不善于与他人沟通，在人际交往中表现出一定的羞涩与不安。大学生人际孤独的原因主要有以下几个方面。

一是环境因素。大学生离开家乡，来到陌生的环境，远离了朋友、家人，如果缺乏社交能力，没有什么人可以交流，内心就会感到孤独。

二是悲观的归因方式。有些学生把人际交往的失败归结为自己的无能，他们不认为失败是暂时的，是可以通过加倍努力和尝试克服的，而认为这些尝试都是在做无用功，因此，他们更容易放弃自己，产生自卑感和孤独感。

三是社交恐惧。有些学生在社交场合感到持续的紧张和恐惧，从而回避社交行为。他们不敢直视别人的眼睛，害怕进入有人在的房间，宁愿一个人待在角落，在人多的场合就会感到心慌、手抖，手心冒汗，课堂上害怕被老师提问，不敢上讲台演讲。社交恐惧的学生其实渴望与人交流，但内心的紧张和恐惧使得他们不敢社交、回避交流，从而感到孤独苦闷。

案例 7-5

小R，女，大一。刚进入大学的时候，小R和室友相处还算融洽，大家一起上课、吃饭、逛街，几个人还经常聊以前的经历。渐渐地，其他三个人因为都喜欢某个明星而常常在一起聊天，关系也越来越好，小R感觉自己被孤立了。慢慢地，小R经常一个人独来独往，在宿舍里，她感觉自己就像空气。有时候室友聊天的时候，小R想加入，但总是无法融入。看着室友们在一起说说笑笑的样子，小R感到非常孤独和难受。这种毫无存在感的宿舍生活，让她非常苦闷和恐惧。

在案例7–5中，小R与室友没有共同语言，因此，渐渐地与她们疏远了。她在宿舍里没有可以交流的人，内心感到孤独寂寞。对于小R来说，如果能够与宿舍同学求同存异，积极寻找可以交流的内容，或者保持与室友基本的社交之外，主动与其他同学交往，寻找志同道合的朋友等，就可以在一定程度上缓解她的人际孤独。

第三节 大学生人际交往能力培养

一、掌握人际交往的心理效应

很多心理学研究结果表明，如果能够科学地运用人际交往中的心理效应，就可以纠正人们在人际交往过程中产生的认知偏差，培养人际交往能力。人际交往的心理效应主要有以下几种。

（一）首因效应

首因效应是指首次产生的印象在人际认知中所产生的强大作用。它在人际交往中具有重要作用：首先，第一印象决定了人与人之间能否建立信任和合作关系；其次，第一印象能给他人留下深刻而难忘的印象，有助于促进人际关系的和谐发展。第一印象无论对与错，永远是最为鲜明和稳固的，它常常会左右人们对彼此的看法，从而影响到日后的互动。所以，在交友、求职等社交活动时，都要运用好这一效应，向人们展现一个较好的形象，为日后的沟通打好基础。当然，它是社交活动的短暂表现，而更深的互动则会要求更多，例如要有较高的文化程度和一定的知识储备，要有高尚的道德品质和健康的心理状态等，这些都是人际交往成功与否的重要因素。

（二）近因效应

近因效应和首因效应恰恰相反，它是人们在交往中末次相遇时对对方所产生的一种印象，而这种印象又会在彼此大脑中保留相当长的时间。例如，进入大学的第一天，有学长帮你拿行李，你会感觉这个学长非常热心，这就是你对他的第一印象，这个良好的第一印象就是首因效应在起作用。而随着交往的增多，交往双方在彼此熟悉的情况下，近因效应发挥的作用就会大于首因效应发挥的作用。所以，当产生不良的近因效应后，首因效应形成的良好印象会被冲淡，甚至被掩盖。多年没有见面的朋友，在对方脑海中印象最深刻的，一般是最后一次见面的场景。运用近因效应，在和朋友们分别时给他们一个美好的祝愿，可以使你的形象在对方心目中得到美化。

（三）光环效应

光环效应是指在人际知觉中所形成的以点概面或以偏概全的主观印象。一个人的某种品质，或一个物品的某种特性一旦给人以好的印象，那么在这种印象的影响下，人们对这个人的其他品质，或这个物品的其他特性也会给予较高的评价。如我们经常说的“情人眼里出西施”就是光环效应在起作用。这种爱屋及乌的现象，就像月晕的光环一样，向周围弥漫、扩散，因此，光环效应也被称作“晕轮效应”。

（四）刻板效应

刻板效应指的是对一个人或者某类人所形成的相对固定和类化的看法。这种定势思维往往给人留下深刻的印象。这种印象虽然不会随着时间而改变，却能影响人们的思想行为。因此，研究刻板印象形成的原因及克服方法有着重要意义。例如，我们普遍认为，工人直爽、农民朴实、商人多数比较精明等就是类化了的观点，是在人的大脑里所形成的一种刻板的、定型的感觉。受刻板效应的影响，当一个人被认知后，首先会将其某些特质归属于某一类成员，然后才会将属于该类成员的典型特质归属于其自身。刻板效应会产生正反两方面的效果。它反映了该人或该群体的某种个性品质，具有一定的共性与合理性，有较高的可信度，可以帮助我们了解他人的心理及认知过程；但也易使人产生僵化和保守的认知，人一旦产生刻板印象并以此来衡量人、事、物，都可能导致认知偏差。

（五）投射效应

投射效应指的是将自身的情感、意志和特点投射在他人身上，并强加于他人。在人际认知过程中，人们常常假设他人与自己具有相同的属性、爱好、情感、倾向等，认为他人理所当然地知道自己心中的想法，也就是以己推人，这其实是一种心理定势的表现。例如，心地善良的人经常会看到别人的善良，而常常算计他人的人则会认为他人也会算计自己等。当然，人们能够在日常生活中以己推人也是非常重要的，只有这样才能做到“己所不欲，勿施于人”，促进人与人之间的和谐相处。投射效应主要分为三种：相同投射，从自我出发做判断；愿望投射，把自我主观愿望强加于人；情感投射，以自我的爱憎指引交往。每个人或多或少都会有投射效应，只要我们遇到问题多觉察和思考，理性分析，辩证地、一分为二地看待别人和自己，就能充分利用投射效应，促进人际交往。

二、善用人际沟通技巧

（一）善于倾听

人与人之间的交流中，更重要的是倾听对方。倾听指的是接受语言及非语言信息，识别信息的意义，并对信息做出回应。它是人们获得知识与经验以及进行交际活动的基本条件。一个人能否学会并善于倾听，将直接影响到他是否能有效地运用自己的各种能力去完成工作任务或达到一定的目标。俗话说："说话三分、听话七分。"由此可见，沟通时，"能听"胜于"能说"。

倾听是一种能力，也是一种艺术。倾听需要专心，每个人都可以通过练习来培养这项能力。要做到良好的倾听，首先，要带着诚意去听。倾听别人谈话总是会消耗时间和精力，如果真的有事没空倾听，那么你可以真诚地提出来，这也比勉强地听或者假装在听给人的感觉要好得多。其次，要有耐心地听。在别人讲话的时候，给对方足够的时间来表达其想法和感受，鼓励对方完整表达其想法，这样才能了解对方的想法。如果别人只讲了一个开头，就擅自揣测对方的意思，这样很容易误会对方，也会让对方感到不舒服。再次，倾听时不要随意打断。如果随意打断别人的讲话或者借机把谈话主题引到自己的事情上，或者任意地进行评论而不顾及对方的感受，那会让对方感觉不被尊重。最后，倾听时要给予积极的反馈。谈话者往往希望自己的经历被理解和支持，因此，在谈话中加入一些"是这样""你说得对"或者点头微笑表示理解和支持，这样会让谈话者感受到被肯定、被鼓励。

（二）恰当表达

1. 自我暴露

自我暴露是指将自己的情感、思想、经验、隐私与他人分享来增进关系。在和他人交往时适度暴露自己的想法、感受，可以增进彼此的情感，让人感觉到真诚、被信任。自我暴露在广度和深度上，是人际关系的灵敏"探测器"。自我暴露程度由浅入深分为四个方面：一是兴趣爱好方面；二是态度方面；三是自我概念与个人的人际关系状况方面；四是隐私方面。但要注意的是，过度自我暴露是不可取的。有些同学认为，朋友之间就应该坦诚相待，于是在认识之初就把自己过去的各种经历甚至隐私都暴露出来，而在两人关系闹僵之后，又后悔自己当时不该暴露那么多的隐私。因此，自我暴露要适度，要根据朋友之间关系的亲密程度，有选择地进行暴露。

2. 慎用批评

卡耐基认为，无论你以何种方式责备别人，如以一个眼神、一种讲话的语气、一个姿势等，或者你直接说他错了，都会引起他人的反感。由于你对他的智慧、判断力、荣誉、自尊心等方面的直接冲击，因此会让他产生回击你的念头。如果你对他说："我不喜欢你!”那么就算你把柏拉图和康德的逻辑都搬出来，还是无法改变他对你的看法，因为你伤害了他的情绪。因此，永远不要这样开场：“好，我证明给你看。”这等于是说：“我比你聪明。我要告诉你一些事，使你改变看法。”这会挑起战端，在你尚未开始之前，对方已经准备迎战了。人际交往过程中难免要对别人的错误观点表示反对，因此，掌握批评与反对的技巧很重要。

3. 学会赞美

林肯有言：“每个人都喜欢赞美。”赞美应当是世上最美的语言了，没有谁能抗拒它的魅力。日常生活中，人们常常用赞美的方式来表达自己内心的想法和感受。但是，赞美不是万能的，有时它也可能伤害到他人。那么如何才能正确使用赞美呢？尽管人们喜欢听到称赞的话，但并不是所有的称赞都会让对方感到快乐。只有建立在事实的基础上，由衷地称赞，才能激起对方的好感。反之，若是毫无根据，虚情假意地夸奖他人，不仅会让人不知所云，还会让人觉得你油嘴滑舌、诡诈伪善。比如，你看到一个长相一般的人，却告诉他：“你长得跟天仙一样！”对方会觉得你的话很违心。但若是从其服饰、言谈、风度上的突出之处，由衷地称赞一番，便会让对方欣然接受，立即对你产生好感。

4. 非语言沟通

非语言沟通就是使用除语言以外的其他沟通方式来传递信息的过程，如通过身体语言、面部表情等来传达信息。当你和一个人讲话的时候，他总是低头玩手机，甚至都不抬眼看你一下，这时他传递过来的信息就是不想听你说话；当你和同学讲述今天认识的一个非常有趣的朋友时，他总是一脸好奇地听你讲，并用眼神鼓励你继续讲下去，你就会感受到他对你讲述的内容非常感兴趣。当你内心很生某个同学的气，但嘴上却说“我没有生气，没事”的时候，你的语气也会让对方感受到你说的并非真的。因此，我们会发现，在人与人沟通时，非语言信息常常能够传递更多的内容。

非语言沟通在很大程度上是无意识的，因此，当你能够读懂对方非语言信息所传达的意思时，你就能明白对方的真实意图。面部表情、手势、形体动作等，都向他人传递了我们的情感和情绪，他人能从我们的面部表情中读取很多信息。如当你侃侃而谈时，发现对方开始做一些无意识的小动作，如搔头、摸脸等，你就要意识到对方可能对这个话题并不感兴趣，那么你可以及时转换话题或尽快结束谈话。

（三）学会共情

共情，也叫换位思考、同理心，是指能够深入他人的主观世界、了解其感受的能力，是在人际场合中能够设身处地为他人着想的能力。因此，共情通常是人与人交往中产生的一种积极的感觉能力。很多时候，人际冲突的发生就是因为没能换位思考，即站在对方的角度去理解问题。当和朋友发生冲突时，首先要问问自己：如果我是他，会有什么感受？正

视频7-1
共情

所谓“己所不欲，勿施于人”，凡事如果都能够站在对方的角度考虑，就容易化解人际冲突了。

（四）合理解决冲突

人们在生活中总会产生不同意见、不同需求和不同利益的碰撞，冲突不可避免。每一段人际关系都有可能发生冲突，甚至我们的内心也会起冲突。冲突的产生让我们有机会改变和成长，提升对自己和别人的理解能力，并改善沟通。

首先，要稳定情绪。发生冲突时，双方都在气头上，很容易情绪性地表达自己的想法，这种带着气而说出的话，更容易火上浇油，让双方的矛盾升级。因此，解决人际冲突，首先要稳定情绪，等情绪平复再去沟通。

其次，站在对方的立场上进行思考。不少同学在解决人际矛盾时，往往只想着我想要的是什么，而不太考虑别人的立场和需求，在这样的前提下，沟通常常是沟而不通，如果既能为对方考虑，又能够满足自己的需求，大家相互妥协，就更容易化解人际冲突。

再次，采取良好的沟通方法。不同个性的人，沟通方法也不同。与孩子的沟通不适合用复杂的语言；与内向的同学沟通，要用柔和一些的语言；与心直口快的同学沟通，可以坦诚、直接地表达自己的想法。因此，我们应采取多种沟通方法和策略，以应对不同的沟通需求。

心理小贴士

非暴力沟通

非暴力沟通是一种能够使人们情意相通、互尊互爱、和谐相处的沟通方式。它是由非暴力沟通专家马歇尔·卢森堡提出的。非暴力沟通应具备以下四个要素。

第一个要素是观察。即留心身边发生的事情，无论喜欢与否，都能够不带预设地仔细观察正在发生的事情，并具体指出影响我们的行为和事物。例如：“你刚刚看电视的时候，声音开得有些大。”

第二个要素是表达自己的感受。如焦虑、愤怒、紧张、恐惧等。例如：“你刚刚看电视的时候，声音开得有些大，我感觉有些心烦。”这里重点是区分感受和想法，能够识别和表达身体内在的感觉和情感状态，而不包含评判、指责等。

第三个要素是表达自己的需要。体会自己或对方的感受，并说出自己或对方的需要是什么，明确是哪些需要导致了彼此之间不好的感受。例如：“你刚刚看电视的时候，声音开得有些大，我感觉有些心烦。因为我正在听英语，所以需要有一个安静的环境。”

第四个要素是提出具体的要求。要注意区分请求和命令，两者的差别主要是在说话者的心态上。如果自己提出的请求没有得到满足，很多人就会对他人进行评判或指责，这实际上是命令。请求一定要具体，例如："我希望你可以把声音开得小一些，大概20分钟就可以了。"如果请求过于抽象，则很难实现有效的沟通。

这四个要素如果能有效连接，就能够顺利地进行沟通，也能建立良好的人际关系，化解沟通中存在的误会和冲突，从而实现非暴力沟通。在沟通过程中，把情绪性的语言过滤掉，用一种不伤害、非暴力的方式，即一种有温度、有效果的沟通模式，这不仅仅是一种交流技巧，更是一种强大的精神力量。

最后，接受不能改变的人际矛盾。有些人并不会因为你的沟通而发生改变，即使你已经穷尽所想，对方仍然坚持自己的生活风格、态度或想法，那么我们就要学着接受、接纳这个现实。同时，考虑一下自己可以做些什么，让自己少受伤害，从而能更好地保护自己又不会加剧矛盾。

三、确立人际交往的边界

人际边界是指在人际关系中，个体清楚地知道自己与他人的责任和权利范围，既保护自己的个人空间不受侵犯，也不侵犯他人的空间。所有的关系都有界限，人际边界主要分为外部界限和内在界限两种。外部界限包括身体界限和物质界限，内在界限则包括心理界限和情绪界限。许多人际矛盾的产生，都与人际界限模糊不清有关。只有识别人际界限不清的表现，时刻觉察，自主建立并维持良好的人际界限，才能维持良好的人际关系。人际界限不清主要有以下几类。

拯救型人际模式。这种类型的人会把别人的事当成自己的事，过于热心、过度干涉别人的生活，常常以拯救者或救世主自居。很多母亲常常会以拯救者的形象来对待自己的孩子，认为没有她的爱护和支持，孩子就无法生活得好。婴儿没有自理能力，确实需要母亲的关心和照顾，但是孩子长大之后，母亲还是这样对待孩子，则对孩子的成长非常不利。

控制型人际模式。这种类型的人常把别人当成自己的一部分或工具，像使用自己的手脚那样"使用"别人，并且希望"使用"起来得心应手，不关注别人的内心感受，甚至有意压制别人的内心感受。有些大学生时常使唤同学帮忙拿快递、带饭、拿书，完全不顾及别人的想法和感受，这很容易招致别人的反感。

讨好型人际模式。这种类型的人内心渴望被认可、赞扬和尊重，常常揣摩别人的心思，了解别人的兴趣爱好，迎合别人的心理，并努力做让对方开心的事，以此来求得别人的认可。一个习惯讨好的人，必定是长期压抑了真实的自我、内在分裂与痛苦的人，而讨好的结果往往并不能换来尊重和平等的对待。

依赖型人际模式。依赖与拯救相对，关系中一方为拯救者，另一方是依赖者，两者相互强化。依赖型的人在人际关系中总是不能自己做决定，需要他人的帮助才能生活下去。如小A虽然已经成年，但是心理年龄却很小，进入大学后，她不敢一个人去超市，也不敢一个人去邮局，因为她不知道该如何与人表达自己的意图，所以总是拉着同学陪同她一起，并且让同学帮她交流。从某种意义上来说，依赖也是一种控制，是一种软控制，利用依赖来控制对方，让对方心甘情愿地扮演拯救者。

那么如何才能建立清晰的人际边界呢？首先要能够识别什么是好的人际关系。如果你在一段关系中，感觉到安全、愉悦、兴奋和亲密，你们在一起相互支持、共同成长，那么这样的人际关系就是好的；如果你的情绪是恐惧、抑郁、愤怒、焦虑，那么就需要考虑自己的人际边界是否恰当。其次要修通“分离”这一课题。阿德勒认为，理想的人际关系是“我爱你，但与你无关”。它的主要思想是一个人需要学着分离。分离是每个人成长的课题，这种分离并不是为了疏远他人，而是为了建立良好的人际边界。最后要温柔且坚定地表达。如果人际交往中，对方提出了一个你不喜欢的建议，那么就要温柔且坚定地拒绝，而不是用咄咄逼人的态度。这样既能维持人际关系边界，又不至于把对方推到很远的地方。

人生活在社会上，需要与他人交往，需要维持和谐的人际关系，这对大学生的生活、学习、身心健康都具有重要的意义。同学们要不断地觉察、了解、反思自己的人际关系，并学会建立、维持和处理人际关系的方法，享受良好人际关系带来的幸福感。

自我探索

共情练习

请你回顾一下最近的人际冲突，当时的情况是怎样的？你对他人做出怎样的反应？

请你换位思考一下，对方会如何解释这种情况？他对你又有什么期待呢？从对方的角度考虑，你是否会做出不同的反应呢？

请你反问一下自己，你得做出什么样的反应，才能让对方的行为举止达到你的期望？

拓展阅读

1.《人际的奥秘：曾仕强告诉你如何搞好人际关系》（作者：曾仕强）

了解中国人的特性，才能更好地与人沟通

人世间最复杂的莫过于人与人之间的关系，而中国人之间的人情关系又更显微妙、更难以把握。一方面，中国人认为，“在家靠父母，在外靠朋友”，靠不靠得住，就看关系如何。另一方面，中国人又希望凭本事吃饭，讨厌“拉关系”。这种矛盾的现象很常见。不同于西方人的人际交往方式，中国人的人际交往有哪些特点呢？不妨读一读这本书吧！

2.《钝感力》（作者：渡边淳一）

钝感力是一种大智若愚的人生态度和人生智慧

此书是渡边淳一的一部经典励志大作。作者在书中告诫现代人，不要对日常生活太过敏感，要从容面对生活中的挫折和伤痛，坚定地朝着自己想要的方向前进。这本书可以让我们坦然地面对生活中的方方面面，可以说是一部赢得美好生活和智慧的经典力作，对我们具有很大的启发和指导作用。

材料8-1
心理漫画第八话

第八章 大学生恋爱心理

案例 8-1

小雨进入大学后，将取得优异成绩、在毕业后能够找到一份满意的工作作为自己的目标，将爱情列为大学生活的奢侈品。然而，宿舍里的几位室友都相继有了男朋友，看着室友们甜蜜的恋爱生活，她也开始渴望有一场浪漫的恋情降临到自己身上。在一次社团活动中，她遇到了社团学生干部小V。小V是小雨同专业的学长，高大帅气、成绩出色、热情爽朗，对女孩子很体贴，在社团里是一个很受欢迎的人。小雨对他很有好感，经常找机会问他一些专业上的问题。小V对小雨也很关心，在小雨生病时还主动买了水果到宿舍看望，宿舍的同学见到小V以后，纷纷开起两个人的玩笑，但是两个人并没有进一步发展。在一次社团组织的自行车出游活动中，两个人组成了一个小组，小雨坐在小V的自行车后座上，觉得有一股幸福的风吹过来，小V心情也很好。出游回来，两个人交往开始增多，很快就确立了恋爱关系。小雨觉得很开心，但是两个人相处一段时间后感情变得平淡，没有了刚认识时的激动感觉，争吵也成了他们恋爱生活中常有的事。小雨在日记里写道，这就是我大学里的爱情吗？我们能永远在一起吗？

案例思考

1. 小雨的爱情打开方式是怎样的？
2. 小雨应该怎样调整自己的状态？
3. 如果你是她，接下来会怎样对待这份感情？

第一节 爱情概述

活动体验

请描述一下，你理想中的爱情是怎样的？

爱情是一个古老而又永恒的话题。对于身心发育逐渐成熟的大学生来说，这更是一个绕不开的话题。有些人在高中就开始投身于恋爱，有些人整个大学期间都没有谈过恋爱，有些人会将对某一个人的喜欢暗藏心底不敢表露出来，还有些人在大学就尝到了失恋的苦涩滋味。一个人的爱情历程在很大程度上会影响其幸福程度。

古往今来，在各类文学作品和哲学探讨中，都有关于爱情的论述，心理学家也从不同角度探究爱情，但要对爱情下一个统一而全面的定义，仍然是比较困难的事情。因为爱情是一种复杂的现象，不同的人有着不同的理解，需要每个人亲自去经历和体验。但是关于爱情方面的研究和知识的积累，也可以帮助我们更好地理解爱的本质，并更好地珍惜和体验爱情。

一、爱情的生物基础

生物学家关于爱的激素的研究发现，爱情之所以让人神魂颠倒，是因为"爱情兴奋剂"在起作用。美国精神研究专家伯慈和克莱恩认为，"爱情兴奋剂"包括多巴胺、异丙肾上腺素、内啡肽等，其中以苯乙胺最突出，它是神经系统中的兴奋物质，这些物质会让人心跳加快、手心出汗、面红耳赤等。

神经内分泌学家休·卡特认为，催产素是影响爱情的重要化学物质。卡特给大草原田鼠的大脑注入催产素后发现，它们结成"一夫一妻"的速度比通常情况更快。他和同事们还从反面验证了催产素的效果。注入抑制催产素反应器的化学物质，阻断这种激素的分泌，结果大草原田鼠的生活方式发生了变化：它们胡乱交配，没有持久的伴侣。

近年来，几项研究揭示了人类爱情的大脑化学机理，像那些"一夫一妻"的大草原田鼠一样，人类的催产素感受器位于大脑中几个富含多巴胺的区域。美国人类学家海伦·费希尔及其同事通过对处于恋爱中的人的大脑进行扫描发现，爱情中包含性的渴求、特别的吸引和对伴侣的依恋，这三个成分均与大脑特定的神经区域有关。

当然，以上这些研究并不是让同学们把自己的爱情全部交给大脑中的某种激素或神经系统，而是说我们应当以科学的态度理解和对待爱情。我们只有尊重科学、尊重爱情、尊重异性，才能让自己幸福快乐，身心健康。

二、爱情的相关理论

迄今为止，多位心理学家均从各自的角度阐释了对爱情的理解。接下来我们看看他们对爱情的诠释。

（一）爱情三角理论

爱情三角理论由美国耶鲁大学的罗伯特·斯腾伯格教授提出，他认为，人类的爱情基本上是由动机、情绪和认知三种成分所组成的。这三种成分对应着爱情包含的三要素是亲密、激情和承诺。

亲密是指在爱情关系中给人以温暖的感受，恋爱双方有彼此亲近、温馨的感觉。表现为：喜欢和对方在一起，愿意主动照顾对方，不把恋人当作自己的占有物，而是尊重、理解并珍惜对方，恋人在一起时非常幸福、愉快。

激情是指爱情中的性欲成分，是情绪上的着迷。如见到恋人时，有一种怦然心动的感觉。引起激情的主导形式是性的需要。

承诺则是指对于维持爱情关系的预期或担保，包含短期承诺和长期承诺。短期承诺主要是做出爱不爱一个人的决定，而长期承诺则包括对爱情的忠诚、责任心，是为维护爱情关系而做出的承诺。

理想的爱情应该是这三者的完美结合。爱情中，激情维持的时间最短，而亲密和承诺的成分却是随着时间的推移不断上升。理想的爱情应当是激情、亲密和承诺三者的结合统一体，斯滕伯格将这种境界称为完美之爱。大学生在谈恋爱的时候，要充分认识到激情、亲密和承诺这三个成分的作用，避免陷入盲目的、冲动的或空洞的爱情中。

（二）爱情依恋理论

我们都渴望能够拥有一段甜蜜、幸福的爱情，但在实际生活中，给人带来更多痛苦的也是爱情。为什么有的人在恋爱中总是没有安全感，非要把恋人牢牢控制在手中才放心？为什么有的人虽然异地恋多年，但感情仍然非常甜蜜且稳定？爱情的依恋理论对此做出了解释。

依恋最初是指婴儿与父母之间形成的一种特殊的情感连接。心理学家发现，成人爱情关系中的情感连接也可以视为一种依恋关系。儿童能够在与父母互动的基础上形成相对固定的依恋关系，同样，成人在与伴侣互动的过程中也会形成不同风格的爱情依恋关系。根据儿童时期与父母之间的依恋关系，辛迪·哈赞和菲利普·谢弗提出了三种成人依恋风格，即安全型依恋、焦虑型依恋和回避型依恋。

（1）安全型依恋：拥有安全型依恋的人，在爱情中能够信任对方，同时也认为自己是值得被爱的，与伴侣的关系良好、稳定，能彼此信任、互相支持，表现出一种积极向上的状态。绝大多数人的爱情属于安全型依恋。

（2）回避型依恋：具有回避型依恋的人缺乏对自己和他人的信任，认为自己不值得被爱，而他人也不会像自己期望的那样来爱自己，他们害怕并逃避与伴侣的亲密。法国电影《天使爱美丽》中的艾米丽就属于这种类型。

（3）焦虑型依恋：这个类型的人容易把情感建立在他人身上，依靠他人的回应来感知自己的存在，容易产生焦虑状态。焦虑型依恋的人希望获得恋人的及时回应，以此来证明自己没有被抛弃，常常因为一些小事就发脾气，发完之后又后悔。

（三）SVR理论

心理学家默斯特因认为，两个人从认识到结婚分为三个阶段：刺激（stimulus）、价值观（value）和角色（role）。第一阶段（S阶段），也称刺激阶段，通常指双方第一次接触。在这个阶段中，双方因外在条件而相互吸引，如被对方的外貌或身材所吸引等。如果能够顺利度过这一阶段，说明彼此保持了不错的第一印象。第二个阶段（V阶段），也称价值阶段，是指思维方式和行为模式相似，对感情是否能够顺利发展很重要，跟我们平时说的“三观一致”类似。在这个阶段，价值观和信念的一致性是促使双方感情进一步发展的基础。双方开始交往，并处于磨合中，交流不再停留于表面，而更关注精神层面。第三个阶段（R阶段），也称角色阶段，是指分配角色、相互补充。这个阶段的主要任务是个体扮演好对方所要求的角色，并承担起爱情中的责任和义务。如果对方与我们心中理想的样子越接近，我们就越愿意与之步入婚姻的殿堂。

三、爱情的类型

关于爱情的类型，学者们众说纷纭，这里主要介绍以下几类。

（一）爱情的两类型说

1978年，美国著名心理学家伊莱恩·哈特菲尔德根据社会交换论，将爱情分为伴侣型爱情和狂热型爱情两种。

伴侣型爱情，是建立在尊重、相互理解之上的爱情，可以带给人一种温暖、亲密的感受，并不会伴随极大的情绪起伏。拥有伴侣型爱情的人，更能做到坦诚和接纳，不会将对方过度理想化。

狂热型爱情，是指一种整个心思几乎都被另一个人占据的强烈情绪状态，满足了我们“坠入爱河”的感觉。双方的情绪和自主神经系统都被高度唤起，时时刻刻都希望和对方联系，希望和对方在一起。狂热型爱情往往伴随理想化，会把自己对爱情和伴侣的美好憧憬投射到现实的情感中。

（二）爱情的六类型说

1973 年，加拿大社会心理学家约翰·李把爱情分成六种类型，不同的爱情类型有着不同的恋爱方式，心理和行为也各有特点。

（1）浪漫式爱情：主要依靠外在魅力相互吸引，以一见钟情为典型，包括相貌、体型、体态等外在样貌。浪漫式爱情有激情，常在短时间内就建立浓烈的爱情，但不重视承诺，一旦激情退去，就会暴露出双方的一些问题。

（2）游戏式爱情：追求这种爱情的人态度比较随意，把恋爱看成一场游戏，不太专一，真实情感投入有限，只是希望赢得"爱情游戏"。

（3）朋友式爱情：如同亲密的朋友关系，激情较少，更多的是一种深厚的友谊。朋友式爱情一般是在长期交往、彼此了解的基础上发展而来的。

（4）占有式爱情：是一种强烈的、自私的爱情。这种爱易生嫉妒，极其强调双方之间的承诺和忠诚，因为内心的不安全感，需要对方能够时时刻刻在可以控制的范围内，否则就不信任对方。

（5）实用式爱情：这种爱是非常理性的，理性和现实是它的基本特征。在恋爱时，会认真考虑家庭背景、经济收入、职业、社会地位等现实条件。

（6）利他式爱情：追求这种爱情的人往往是爱情至上者，认为爱情是高尚而伟大的，无私而利他的，愿意为对方付出，不求回报。

（三）爱情的七类型说

1988 年，斯腾伯格在他提出的三角理论的基础上，即在构成爱情的激情、亲密和承诺三种要素的基础上，形成爱情类型理论，且七种类型各有不同的特征。三种要素的不同组合可以构成七种爱情类型，如图 8–1 所示。

（1）喜欢型：只体验到亲密，缺乏激情和承诺，如友谊关系。

（2）迷恋型：只体验到激情，缺乏亲密和承诺，如初恋。

（3）空洞型：以承诺为主，缺乏亲密和激情，在旧社会的包办婚姻中比较常见。

（4）浪漫型：是激情和亲密的组合，缺乏承诺。

（5）伴侣型：有亲密和承诺，缺乏激情。

（6）愚蠢型：有激情和承诺，缺乏亲密，如一见钟情。

（7）完美型：激情、承诺和亲密都有，是爱情中的理想状态，三种成分构成了稳固的三角形，给人带来很高的满意度和幸福感。

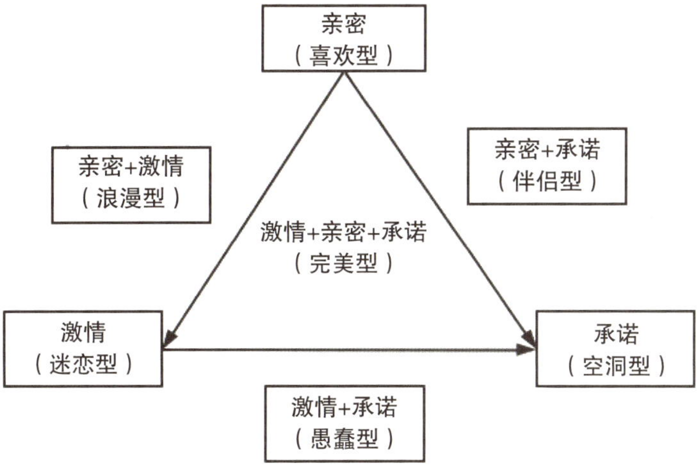

图8-1　爱情三角理论

第二节　大学生常见的恋爱困扰

爱情是校园生活中一道靓丽的风景线。但是在大学这样一个特殊的阶段，受一些社会因素以及自身因素的影响，也可能会遇到各种恋爱困扰。

一、单恋

单恋，也称单相思，是指一方对另一方以一厢情愿的倾慕与热爱为特点的爱情。这种一厢情愿的爱情有两种情况：一是毫无理由的单相思，甚至对方都不认识自己，只是自己单方面执着地爱着对方；二是自认为有“理”由的单相思，即因受对方言谈举止的迷惑，错认为对方喜欢自己，这是假“双向”，真“单向”。单恋者虽然能够体验到快乐，但更多的是一种深刻的压抑，因为他们无法正常地向自己所钟爱的异性倾诉柔情，也感受不到对方的爱意。严重的单恋会让单恋者丧失自尊，可能会做出干扰其所恋对象的学习和生活的行为。

当你深受单恋困扰时，可以尝试通过以下几种方式进行调节。

主动了解对方的态度。大学生要冷静地分析自己心中的那份感情是不是爱情，如是，就应该主动勇敢地向对方表白，了解对方的态度，不管对方接受与否，早一点知道结果就可以早一点从单恋的迷雾中走出来。

明辨现实与想象。陷入单恋的人要减少独处的时间，避免长时间地陷入对爱慕对象的想象中，应多与外界接触，扩大人际交往面，在现实中体会“人无完人”的说法，从“完美恋人”的想象中走出来。

及时疏导负面情绪。单恋会带来较严重的负面情绪。如果负面情绪持续时间过长，就会导致单恋者心情抑郁、低落，危害其身心健康。应对单恋的一个好办法就是改变生活环境，转移注意力，切忌把自己封闭起来，离群索居。你可以找朋友聊天，也可以求助老师，或投身于大自然，让自然的美景冲淡你的忧伤。

二、多角恋

多角恋是指一个人同时被两个或两个以上的异性追求，或自己同时追求两个或两个以上的异性，并建立了恋爱关系。

由于恋爱具有排他性、冲动性，因此，任何一种多角恋都潜伏着极大的危险性，一旦理智失控，就会给对方及社会带来恶果，这一点应引起大学生的高度警惕。多角恋产生的原因主要有以下几个方面：①恋爱动机不良：有些人从恋爱开始就动机不良，朝三暮四，见异思迁。②标准不明确：由于个性及思想的不成熟，很多人在恋爱前没有一个明确的恋爱对象标准，无法确定哪一个更适合自己，难以取舍，所以只能多方应对。③盲目追求：明知对方有交往对象，由于固执任性、嫉妒好强等，还是盲目地展开追求，从而陷入多角恋。③虚荣心强：有些大学生爱慕虚荣，认为自己的追求者越多，越能体现自己优秀，给每个追求者留有幻想，自私自利，对自己及他人感情不负责任。

大学生在追求爱情的道路上，要避免陷入多角恋的困扰，以免给自己和他人带来伤害。首先，在开始一段恋情之前，你要充分了解对方的感情状态，避免在无知的情况下陷入多角恋中；其次，要提升恋爱道德素养，要认真、专一地对待爱情；最后，如果不小心陷入多角恋，要冷静思考，及时处理。

三、失恋

失恋是指一个人被其恋爱对象抛弃，恋爱受挫失败。失恋引起的主要情绪是痛苦、烦恼，甚至会产生愤怒、绝望；有些人失恋后会产生强烈的自卑感，自尊心受损，甚至产生从此再也不谈恋爱的想法，还有的人失恋后会将消极情绪迁怒于他人或事物。

大多数失恋者能正确对待和处理好不良情绪，积极地走向新生活。然而，也有一些失恋者不能自我调整，无法及时排解强烈的不良情绪，导致心理障碍、性格反常。面对失恋，我们要提高应对能力，以帮助我们摆脱失恋带来的痛苦。

四、恋人间的冲突

恋人间的冲突可能发生在恋爱的整个过程中。正如美国婚恋情感专家约翰·格雷所形容的那样：男人来自火星，女人来自金星。不同性别之间存在较大的差异，如生理上、家庭环境、兴趣爱好、价值观、性格特点等，在恋爱关系中，恋人之间更容易因男女差异而产生各类冲突。恋人间的冲突常常会导致两个人都感到受伤。如小赵和小李已经恋爱半年了，一开始两个人你侬我侬，关系亲密，可是慢慢地，小赵总觉得小李陪她的时间越来越少，打电话也不如以前多了，因此感到失落，经常跟小李吵架，小李认为两个人关系都比较稳定了，不用经常腻在一起，还是要有一些独立的空间，可是小赵并不认同，她认为恋人就是要经常腻在一起才好，每天都尽可能多地待在一起。这种对恋爱的认知和需求的不同，导致他们俩经常吵架、冷战。爱情是需要用心经营的，当双方出现矛盾、冲突时，要把这些冲突看成进一步了解彼此的机会，及时采用恰当的方法进行化解，相互理解，这样才能让爱情保鲜。

五、性心理困扰

大学生正处于性生理基本成熟和性心理快速发展的时期。由于身体已发育，性器官趋向成熟，他们开始关注自己的身体特征，性心理逐渐苏醒，加上外界信息的刺激，让大学生的性意识逐步形成。男生大都希望自己身材高大、肌肉发达，拥有性的吸引力，可以获得更多女生的关注。而大部分女生也都希望自己长得漂亮，体态优雅，希望有男生被自己吸引。但是由于性知识、性教育的缺失、性观念的偏差等各种因素的影响，一些大学生会被性相关的问题所困扰，严重影响了其正常的生活。

大学生常见的性心理困扰主要表现在以下几个方面。

1. 性体像意识的困扰

性体像意识是指不能正确、客观地认识自己的身体和第二性征的现象。有些大学生对自己的第二性征感到害羞、不安和不理解，有些大学生对自己第二性征的发育不满意，有些则因为对性生理发展的节奏不同感到不理解，而产生性体像焦虑情绪。

2. 性行为的困扰

大学生常见的性行为困扰主要是自慰性行为，它是一种青少年获得性补偿和性宣泄的行为。对于这一行为，有些大学生会认为这是有罪的、不道德的，因而感到羞耻、自责。自慰是一种自然的、正常的性行为，是对性冲动的缓解。但是过度频繁的自慰行为，则会影响身心健康。

3. 性认知的困扰

随着社会的发展，人们对性的认识已经发生了变化。但是仍然有部分同学对性的认知存在一些偏差，如把性视为下流的、肮脏的、低级的，甚至会因此排斥与异性的交流，还有些同学则对性持有随意的态度，信奉“性自由”“性解放”，在行为上放纵自己。以上对性的认知往往会导致他们无法建立成熟、健康的爱情观。

性生理、性心理的正常发展是大学生走向人格成熟的重要方面，也是大学生心理健康的重要标志。因此，如何正确地认识自己的性心理活动并对自己已出现的性心理问题进行调节和处理，是大学生保持和增进心理健康的重要途径。一般来说，性心理的自我调节主要有以下一些方法：①正确看待身体的变化，接纳自己的性生理发展；②正确看待性意识活动，树立科学与健康的性意识观念；③正确看待性冲动和自慰行为，确立顺其自然的坦然态度；④全面了解科学的性知识，做好相关的自我保护；⑤寻求专业人士帮助，消除性心理困扰。

第三节 大学生恋爱能力的提升

爱情是美好的，真正的爱情让人刻骨铭心、难以忘怀，但爱情也会给人带来烦恼。“喜欢的人还没出现，出现的人却不喜欢……”，不是不想接受，而是不知道如何接受，直到“后来终于学会如何去爱，但是那人却消失在人海……”，“为什么人在年少时一定要让深爱的人受伤”，爱情中之所以会有这些烦恼，是因为我们还没学会如何去爱。爱是人类所特有并经后天学习而获得的一种情感体验，爱是一种知识、一种能力，需要学习和培养，最终才能收获幸福的果实。

一、树立正确的恋爱观

（一）摆正爱情的位置

鲁迅曾告诫青年人：“不能只为了爱，而将别的人生要义全盘疏忽了。”要认识到，爱情是人生价值的重要组成部分，但不是人生价值的全部体现。虽然有人说在大学生活中没有爱情的存在是不完美的，但爱情不是大学生活的重心。大学阶段最主要的任务是学习知识和技能，良好的知识结构和能力素质才是将来立足社会、事业成功的基础，也是将来爱情、婚姻美满幸福的保证。所以，大学生要摆正爱情在大学生活中的位置，把主要的时间和精力放到学习上，正确处理恋爱与学业的关系。

（二）提倡志同道合共同进步

大学生在选择自己恋人的标准上，应该排除当前社会上不良倾向的影响，以具有共同的价值追求、生活目标为标准，以达到双方的情感相融，在学业和成长中共同进步。这就要求大学生在恋爱对象选择和恋爱过程中，一方面要关注各自的价值取向、性格志趣的一致；另一方面，要能够宽容对方与自己的差异，注重考察对方的人品、情操。双方在交往中互相鼓励、共同进步，给学习生活带来活力。

（三）培养爱情中的道德感和责任感

爱情不仅是一种权利，更是一种责任和义务。责任和义务是获得崇高爱情的基础。对于大学生来讲，一旦确立了恋爱关系，就要懂得承担恋爱关系中的各种责任，学会以高度负责的态度对待恋爱。大学生在恋爱时，要学会遵守恋爱道德，认识到爱情是神圣不容亵渎的情感，是一种相互给予，所作所为都必须为对方负责，相互尊重和理解、彼此忠诚和信任，端正文明的行为，这也是恋爱道德最突出的表现。

二、提升爱的能力

美国著名精神分析学家埃里希·弗洛姆在《爱的艺术》一书中指出，爱是一种主动的能力，是通过学习可以提升的一种能力。我们只有具备爱的能力，才能发展健康、美好的恋爱关系。大学生可以从以下几方面来提高爱的能力。

（一）敢于说出爱

喜欢一个人，却不敢说出来，只能在心中暗恋，或者因为羞涩，或者害怕被拒绝，或者因为自卑，也可能因为学业的压力，只能将爱慕之情埋藏心底，这种现象在大学生中是比较常见的。敢于表达、善于表达对一个人的爱意，是爱情开始的基础，也是一种能力。大学生首先要提升自信心，培养敢于表达爱的勇气；然后还需要掌握恰当的表达技巧，如选择恰当的时间进行表达，最好在双方都有一定的了解，并且彼此都有比较好的印象时，选择恰当的表白方式，可以在安静温馨的环境中表白，也可以在公众场合表白，但请把握好度，有节制、有分寸地表白；最后还要做好心理准备，因为表白能否成功是不确定的，这也是很多人不敢表白的原因，要做好表白被拒的心理准备，但请相信，那并不是因为你不够好，而是你们俩可能不合适。这也正好可以给你一个收回自己感情的机会，而不用再在这份没有结果的感情上浪费时间和精力。

（二）勇于接受爱

当爱情来临时，不必过于拘泥，只要经过仔细观察，谨慎考虑，发现向你告白的人是一个值得爱的人，就勇敢地接受他。有些同学面对异性的追求，迟迟不敢接受，担心爱情会耗费很多精力，影响学业；有些同学面对表白，担心大学的爱情并不长久，“毕业就会分手”，因此不愿尝试。其实，一段爱情开始后，只要好好经营，是会对一个人的生活、学业起积极作用的。当然，在确定是否接受一段感情之前，首先要知道自己喜欢什么样的人、适合什么样的人，这样才能准确地判断爱的信息并做出选择；其次要充分地了解对方，确定对方是一个值得爱的人的情况下，再做出接受的决定。

（三）坚定拒绝爱

当你感觉自己不喜欢这份感情，不愿意与这个人发展恋爱关系的时候，要有勇气及时拒绝，以免造成误会。但是，拒绝爱需要注意方式方法，尽量将对方的伤害降到最低。首先，要简单明确地拒绝，不能优柔寡断，以免给对方造成“是不是在考验我”的错觉。其次，要采用恰当的拒绝理由，要顾及对方的尊严，不能用贬低对方、侮辱对方的理由和方式，这会给对方造成一定的伤害。

（四）好好经营爱

在恋爱过程中，正式确立恋爱关系，其实是两个人并肩生活的一个起点，彼此的沟通、理解，互相的协调适应才是恋爱的永恒主题。不同家庭环境和成长经历的两个人走到一起，必然会出现矛盾和冲突，俗话说："相爱容易相处难。"因此，爱情是需要双方一起经营的。以下是几种增强恋人亲密关系的方法。

1.了解性别差异，学会换位思考

男女由于大脑生理构造的不同，存在许多先天的差异，而这些差异又引起了两性在思维上的差异。在不同思维方式的引导下，以及社会传统的影响下，男性与女性便形成了一些极不相同的心理特征。透彻了解男女心理是通向成功恋爱与婚姻的重要阶梯。无论有怎样的心理差异，恋爱中的双方都要多沟通、交流，避免日常矛盾的积累。由于沟通方式存在差异，因此双方在沟通过程中都要学会换位思考。

2.给予彼此空间和信任感

信任是维系爱情长久的纽带。恋人之间最重要的就是彼此信任、相互包容。人无完人，是人都有缺陷。恋人之间最忌讳的是用放大镜去看对方的缺点，却用显微镜看对方的优点。爱情，要经得起孤独的考验，经得起怀疑的心态，才是真正的信任。另外，每个人都会有自己的秘密，恋人双方应该给予对方私人空间。但是，有些人在谈恋爱的时候，会忍不住"跟踪"对方，比如时刻关注对方有没有跟其他异性聊天、有没有在社交软件上给其他异性点赞等；有些人则会因为猜忌、怀疑而经常对恋人发脾气，这样的行为对爱情的伤害是很大的。若要爱情稳定持久，双方都要给予彼此一定的空间以及必要的信任。

3. 了解彼此表达爱的方式

懂你的人，会以你所需要的方式爱你；不懂你的人，会用他所需要的方式爱你。美国著名婚姻辅导专家盖瑞·查普曼在《爱的五种语言》一书中提出，人们表达爱意的方式有五种，分别是"肯定的言辞""精心的时刻""接受礼物""服务的行动"和"身体的接触"。"肯定的言辞"是指鼓励、仁慈、谦虚的话语，当我们听到肯定的言辞，内心就会受到鼓舞；"精心的时刻"是两个人一起做一方喜欢做的事情，并让对方感觉到"你关心他（她）"，比如恋人一起旅游、学习等，当然要发自内心才行；"接受礼物"是指更喜欢对方送自己一些礼物，因为这会被认为是爱的象征；"服务的行动"不仅限于做家务、拿快递，而是涵盖所有对恋人表达爱的行动；"身体的接触"是牵手、亲吻、拥抱等行为，能够增加亲密感和生活的情趣。了解了这五种爱的语言，你就可以想象一下自己的恋人更喜欢哪一种，然后尝试满足对方，提升你们之间的亲密度。

4.及时化解冲突

恋人之间有时会产生冲突、矛盾、误解，面对冲突，要学会积极面对，及时化解。

首先，要让情绪平复下来，不要在气头上争吵，这样不仅不能化解冲突，还会导致双方矛盾加剧。

其次，恋人间的冲突不一定非要分出是非对错。恋人之间发生争吵时，讲道理往往效果并不好，若能够换位思考，理解对方的情绪，并能够共情，就更容易沟通了。

再次，就事论事，不翻旧账。不少情侣在吵架的时候，容易把陈芝麻烂谷子的事反复拿出来说，不停地进行指责，这只会火上浇油，让两个人的关系变得更加糟糕。情侣之间有分歧是正常的，如果能够就事论事，在合理的范围内进行处理，就能够化解当前冲突，降低冲突带来的负面影响。

最后，不能只看到冲突的负向功能，更要看到冲突的正向功能，以乐观的态度积极看待恋爱冲突，因为冲突意味着两个人进一步地磨合，有效的恋爱冲突可以使恋人双方以最直接、最快捷的方式了解彼此的立场、观点、情感和行为模式，从而加速彼此适应的过程，改善双方的关系，以谋求更长远的发展。采取恰当的方式解决恋爱冲突，在恋爱冲突发生后自己先进行反思，然后主动与对方进行沟通，架起桥梁，化解矛盾，通过双方共同的努力解决冲突。

心理小贴士

恋爱中的心理学效应

罗密欧与朱丽叶效应。在莎士比亚的经典名剧《罗密欧与朱丽叶》中，罗密欧与朱丽叶相爱，但由于双方家庭存在世仇，他们的爱情遭到了阻碍。但压迫并没有使他们分手，反而使他们爱得更深，直到殉情。这样的现象我们叫“罗密欧与朱丽叶效应”。所谓“罗密欧与朱丽叶效应”，就是当出现干扰恋爱双方爱情关系的外在力量时，恋爱双方的情感反而会加强，恋爱关系也因此变得更加牢固。

吊桥效应。著名心理学家阿瑟·阿伦做过一个有趣的吊桥实验：安排一位漂亮女性站在一座高高的吊桥中央，让一些单身男士通过，并给这些男士留下女方的电话号码，同样的实验也在一个只有 10 英尺（3.048 米）高的小桥上进行。结果显示，吊桥上有一半多的男士给那位女性打了电话，而小桥上仅有 2 人打了电话。这便是著名的心理学现象——吊桥效应。吊桥效应是指当一个人提心吊胆地过吊桥的时候，会不由自主地心跳加快。如果这个时候，碰巧遇见另一个人，那么他会错把这种由情境引起的心跳加快理解为对方使自己心动，才产生的生理反应，故而对对方滋生出情愫。

三、勇于面对失恋

面对失恋，不少大学生会体验到痛苦，茶饭不思、夜不能寐，严重者甚至影响正常生活。同学们若是遭遇失恋，可以尝试通过以下方法来缓解失恋带来的痛苦。

材料8-2
如何中止一段恋情

接受失恋带来的各种负性情绪。一个人失恋后，可能会产生愤怒、抑郁、悲伤、内疚、自责等负性情绪，这些都是失恋后的正常反应，允许自己在这个状态中待一会儿，承认情绪的存在，不要急于否认，或者把情绪压抑下去。

找人倾诉。失恋后，可以找亲人或朋友倾诉，告诉他们自己的烦恼和苦闷，从而释放负面情绪，减轻心理负担。此外，作为失恋者的心灵寄托，亲人和朋友的建议和慰藉也会给失恋者带来温暖和安慰。

转移情感投注对象。把情感转移到失恋对象以外的人、事或物上，如把失恋的悲痛转化为学习的动力，也可以多交朋友，交流思想，倾吐苦闷，陶冶性情；还可以游山玩水，投身到大自然，把注意力转移到自己的兴趣爱好上。这些都是不错的办法。

认知调整。通过自我认知调整来获得解脱，让理智的“我”说服和战胜感情的“我”。例如，可以从第三者的角度思考，设想“爱情是以互爱为前提的，不可因一厢情愿而强求，应该尊重对方选择爱人的权利”。

情感升华。失恋也是一种激励，很多成功人士也曾饱受失恋的痛苦，但他们把痛苦升华为前进的动力，以积极的态度全身心地投入学习、工作，最终有所成就。

自我探索

1. 我的爱情大阅兵

在这个自我成长活动中，我们来对自己的爱情做一个全面的检阅，请用最真实的感受来回答下列问题，不要和别人商量，倾听自己内心深处的声音。

2. 我的爱情风向标

步骤一：列出你理想的爱情所包含的十个重要元素。

步骤二：分别列出你对理想恋爱对象的五个最期待的优点和五个最难容忍的缺点。

优点					
缺点					

3. 我的爱情进行时

步骤一：总结你现在的爱情中已经实现了哪些理想的元素。

步骤二：总结你现在的恋爱对象具有哪些上述列出的优缺点。

优点					
缺点					

4. 我的爱情规划图

步骤一：你认为在你的恋爱关系中需要做出哪些改进？

______

步骤二：你希望在未来的爱情中得到哪些收获？

______

5. 发现可爱的自我

完成下面的句子：

人们喜欢我是因为我______

人们喜欢我是因为我______

6. 寻找应对失恋的好方法

完成下列句子：

因为我失恋了，所以我______

因为我失恋了，所以我______

拓展阅读

1.《爱的艺术》（作者：埃里希·弗洛姆）

爱是一门艺术

《爱的艺术》是弗洛姆最著名的一部作品，自1956年出版至今已被翻译成32种文字，被誉为当代爱的艺术理论专著中最著名的作品之一。弗洛姆认为，爱是一门艺术，爱情并不是狭隘的男女之情，而是一个人人格的整体展现，要发展好的爱情，就要努力发展自己的人格。在爱情中，如果不能真正谦恭地、勇敢地、真诚地和有纪律地爱他人，那么人们在自己的爱情生活中就永远得不到满足。大学生想要发展成熟的恋爱关系，可以先读一读这本书。

2.《爱的五种语言》（作者：盖瑞·查普曼）

读懂一种，你的爱情就会别样精彩

恋人之间的许多误会、隔阂、争吵都是不了解或者忽略对方的主要爱语造成的。当恋人之间主动选择使用对方的主要爱语时，就能很好地发展彼此的亲密关系，并积极地处理恋爱、婚姻中的冲突和失败。书中提出爱的语言一共有五种，即“肯定的言辞”“精心的时刻”“接受礼物”“服务的行动”“身体的接触”，知晓自己爱的语言，也了解恋人的爱语，并且能够照顾到彼此的爱语，那么恋人之间的相处将变得温馨而甜蜜。

材料9-1
心理漫画第九话

第九章 大学生网络心理

案例 9-1

小雨在高中之前很少有机会使用手机，因为父母为了她的学习，对她使用手机的时间管束非常严格。自从上了大学，她可以自由地使用手机，而且没有父母在身边监督，她开始不加控制地玩手机，看短视频、打游戏，睡觉前在玩，醒来第一件事也是看手机，上课的时候，总忍不住拿出手机看一会儿，每天花在手机上的时间至少 12 个小时，就这样，很快就到了期末考试时间，她很想控制一下自己玩手机的时间，多花点精力在学习上，但是没学一会儿就忍不住拿出手机，想着就看几分钟，但是刷着刷着两个小时就过去了，为此她经常自责，却又无能为力。

案例思考

1. 类似小雨使用手机的场景，你曾经有过吗？
2. 你有什么办法可以帮助小雨摆脱对手机的依赖呢？
3. 观察一下，你周围的同学使用手机的情况是怎样的？

第一节 网络心理概述

当前的大学生是在网络时代成长起来的，从小就熟悉电脑、智能手机的操作，加之移动网络功能越来越强大，对大学生的吸引力也越来越强。大学生的生活完全离不开网络，尤其是智能手机的快速发展，更是让大学生的生活离不开手机。在网络信息技术不断发展的今天，手机网络已经渗透到我们的生活、学习、工作等各个领域。如何更好地让手机网络为我们所用，而不是让我们被手机网络所控制，如何发挥网络的积极作用，避免网络的消极影响，是每一个大学生都应该认真思考的问题。

一、大学生网络使用现象

当前大学生对于网络的使用行为主要可以归纳为以下几类。

1. 网络社交

互联网掀起了一种全新的人类社会组织和生存模式，构建了一个地球空间之上的巨大群体——网络群体。21 世纪的人类社会正逐渐呈现出崭新的形态与特质，网络全球化的个人正在聚合为新的社会群体。大学生通过微信、QQ、短视频平台等途径，与他人交流思想、观点等。网络社交具有虚拟特性，让很多现实中不善交流的同学可以在网络上充分发表自己的观点。由于网络社交的虚拟性、自由性等特点，越来越多的大学生通过网络进行社交，在现实中与同学、朋友、家人的交流越来越少，甚至不敢交流，导致人际交往淡化。

2. 网络娱乐

网络娱乐是利用电子设备和互联网技术，以休闲和放松为目的的一种活动。网络娱乐可以让使用者心理上获得满足，身体上得到短暂的休息与调整。大学生经常使用的网络娱乐功能主要是玩电子游戏、看视频、浏览新闻、网络文学阅读与创作等。随着智能手机的快速发展，其功能已经不亚于电脑，甚至比电脑更便捷，这使得大学生随时随地可以进行网络娱乐，对大学生的学习和生活带来较大的影响。

3. 网络交易

网络交易是指发生在信息网络中企业之间、企业和消费者之间，以及个人与个人之间通过网络通信手段缔结的交易。在科技的引领下，网络交易逐渐普及，极大地便利了人们的生活。大学生生活中的大部分购物需求，也可以通过网络交易实现。

4. 网络学习

网络学习是指通过计算机网络进行的一种学习活动，它主要采用自主学习和协商学习的方式进行。相对传统的学习活动而言，网络学习有以下三个特征：一是共享丰富的网络化学习资源，二是以个体的自主学习和协作学习为主要形式，三是突破了传统学习的时空限制。当前，网络平台信息丰富，大学生基本可以通过网络查询到想要学习的资料，并通过网络学习进一步拓宽知识面。

二、网络对大学生身心的影响

网络的快速发展给人们的生活方式带来了巨大的改变，这种改变既有积极的影响，同时也出现了不少问题。对大学生群体来说，网络是一把双刃剑。

（一）积极影响

（1）提供了更多的便利。网络的发展，尤其是智能手机功能强大，让很多大学生只要拿着一部手机，就可以解决日常生活所需。吃的、穿的、用的，基本上都可以通过网络得到满足。网络上有线上课程、电子书等丰富的电子资源，让大学生在获取知识方面也更加方便，全国乃至全世界的名师名课、海量文献皆可在共享平台唾手可得；网络电话也可以让学生经常与家人交流，增进亲子感情，排解思亲之苦。

（2）拓宽了大学生的视野。当今社会信息发达，国内外各种时事新闻在短时间内就可以得到传播。大学生们通过网络了解国内外的各种信息和知识，开阔了视野；通过网络与更多人的交流、交往中，也能获取更多的经验，增长见识。

（3）获得了更多展示机会。当前很多大学生喜欢通过微信朋友圈、短视频平台等，晒美照、晒观点、晒心情，这无疑给了大学生一个充分展示自己的机会。大学生通过展示自我，也能收获兴趣相投、志同道合的朋友，促进其人际交往。

（4）扩大了大学生的社交空间。对于很多现实中没有朋友，或者不知道该怎么交朋友以及“社恐”的大学生来说，网络为他们提供了便利的社交空间。大学生倩倩说：“我更愿意和网络上的人交往，因为互不相识，不用真实姓名，所以交往起来更轻松，不用像现实中那样，需要诸多顾忌。”很多大学生的想法和倩倩是一样的，在网络空间的社交让他们感觉更有安全感、更放松。

（二）消极影响

任何事物都具有两面性，互联网也是如此，日益突出的问题给人们生活带来了极大的挑战，如垃圾邮件、虚假信息、网络诈骗等，接触过多消极信息会对大学生的认知、情感、心理造成诸多负面影响。其中比较突出的有以下几种。

（1）致使大学生在心理上更加孤寂。网络中纷繁复杂、眼花缭乱的各类信息，以及虚拟、自由的活动场景，使得大学生被网络深深吸引，将自己的主要精力投入其中，而对现实生活变得疏远和没有兴趣。而且越是沉迷在网络中不能自拔，在现实生活中就越感觉空虚、孤寂，情感没有寄托，心理上就更加孤独。在案例 9-2 中，小 W 每天沉浸在网络中，并没有让他感到幸福和充实，内心反而更加空虚。

案例 9-2

小 W，男，大一。中学时代没能自由使用手机的小 W，进入大学后，就像海绵遇见了水，手机从来不离手，上课时刷，下课时刷，吃饭时刷，刷牙时也拿着手机，晚上睡觉前还在刷，每次刷手机的时候，也没有什么目的，刷到什么就看什么，刷着刷着几个小时就过去了，只要一离开手机，小 W 就感觉心烦意乱，不知道该干点什么，仿佛自己的心无处安放，那种体验实在太难受了。小 W 每天的大部分时间都在刷手机中度过，他不运动、不社交，常常都是一个人抱着手机度日。渐渐地，小 W 感觉内心越来越空虚，缺乏现实交流和学习目标的他，离开了手机，就不知道该怎么生活，于是他更加离不开手机，陷入了恶性循环。

（2）增加大学生学习上的厌倦感。相对于学习来说，网络游戏、小视频更容易吸引大学生的注意力，网络的趣味性、互动性，让一些自控力差的大学生更加厌倦学习，觉得学习没有意思。因此，部分学生由此依赖上了网络，甚至熬夜或通宵上网，严重影响了正常的学习和生活规律，既损害了身体，又耽误了学业。

（3）导致大学生情感体验缺失。网络中虚拟的互动和交流，容易让痴迷在网络中的大学生情感体验的敏感性下降，思维钝化、颓废，精神消沉，且对现实生活各种事物的变化更是麻木不仁，使他们对情感体验没有了感觉。

（4）导致大学生网络行为失范。网络的开放性、虚拟性，也让很多不良的思想、行为充斥网络，对于价值观正在形成时期的大学生来说，如果不能去伪存真、辨别良善，就容易受到不良信息的影响，也可能会受到不良言论的蛊惑，做出一些不合社会规范、社会道德的行为。

活动体验

请尝试某一天（24 小时）不使用手机，并记录一下没有手机的生活，你是如何安排的，有什么感受？

第二节 大学生常见的网络心理困扰

一、网络成瘾

网络成瘾（简称“网瘾”），是指上网者由于长时间和习惯性地沉浸在网络时空当中，对互联网产生强烈的依赖，以至于达到痴迷的程度而难以自我解脱的行为状态和心理状态。网瘾是一种过度使用网络的行为，属于冲动控制障碍的一种。

网络成瘾的人主要表现为一种不自主地长期强迫性使用网络的行为，如网络关系成瘾、网络购物成瘾、网络游戏成瘾等。有网瘾的人一接触网络就精神亢奋、精力倍增，离开网络就无精打采、精神萎靡；几天不上网就焦虑、忧郁、烦躁不安。部分大学生沉迷于网络而导致学业荒废、人际交往障碍、情绪低落。有些大学生在没有网瘾之前，胸怀大志，要考研究生、考公务员，并且学习努力，成绩优异，而一旦陷入网络后则意志消沉，得过且过，好像完全变了一个人。他们对学习提不起兴趣，对他人的劝说完全听不进去，成绩也一落千丈。

案例 9-3

小 Y，男，大一。他性格孤僻，身材矮小，长相一般，学习成绩也是班里垫底的，因此内心非常自卑和敏感，感觉班级同学都看不起他。他很少和同学交流，常常一个人通过打游戏来消磨时间。进入大学后，小 Y 迷上了一款网络游戏，他的日常作息变得毫无规律，多门功课成绩不合格。为此，辅导员老师多次找他谈话。小 Y 表示有时候也想静下心来好好学习，但就是控制不住自己，如果不去网吧打游戏，他就非常烦恼，容易发脾气，什么事情都做不了。

在案例 9-3 中，小 Y 由于内心自卑、敏感，不愿与人交往，更愿意待在网络世界里，且渐渐沉迷，影响了学业。北京大学钱铭怡教授认为，寻求社会赞许需求较高、社会焦虑比较严重和害怕被拒绝的人往往更容易出现网络成瘾行为。人格特征可能是造成大学生网络成瘾的一个重要的内在因素。除此之外，学习和生活缺乏目标、压力过大、自我控制能力不足、缺乏认同感和归属感、不良的家庭关系、网络游戏的吸引力设置等都是导致大学生网络成瘾的重要因素。

心理小贴士

网络成瘾与斯金纳箱

美国心理学家斯金纳关于操作条件反射的实验，是在他设计的一个动物实验仪器即著名的斯金纳箱中进行的。箱内放进一只白鼠或鸽子，并设一杠杆或键，箱子的构造尽可能排除一切外部刺激。动物在箱内可自由活动，当它压杠杆或啄键时，就会有一团食物掉进箱子下方的盘中，动物就能吃到食物。箱外有一个装置记录动物的动作。斯金纳的实验发现，动物的学习行为是随着一个起强化作用的刺激而发生的，当动物获得食物后，按压杠杆的次数就会大大增加。如果动物每次按拉杆都有食物掉下来，那么它们就只会在饿的时候去按拉杆。

那么，怎样才能让动物多按拉杆呢？斯金纳发现，如果拉杆投喂食物是随机的，那么动物就不知道哪次会有食物掉下来，因此，它们就会不断地按拉杆，进而对这个动作上瘾。斯金纳用来实验的这个箱子，也被称为斯金纳箱。而这也是让互联网用户上瘾的本质。社交媒体和网游公司深谙人类渴望赞美、渴望获得人际关系、渴望得到技能提升的心理需求，但是，他们不会在用户一有需求的时候就立刻满足，而是让用户摸不透“隐藏宝藏”“装备”等奖励什么时候出现，从而使得用户对自己的产品欲罢不能。游戏设计师让玩家离不开游戏的窍门就和斯金纳设计的让动物多按拉杆的技巧类似。

二、网络孤独

网络孤独是指一个人在人际交往过程中，过分依赖网络，远离父母、老师、同学、朋友，淡化了自身与社会及他人的交往，慢慢地对丰富多彩的现实生活失去了感受力和参与感，变得越来越孤僻，脱离现实人群。网络社交中的同伴关系，在很大程度上是一种“弱联系”，大家来自天南地北，只有上线才能联系，很难提供及时有效的帮助。沉溺于网络社交的人，一旦下线，就开始感到孤独无助、空虚寂寞，甚至会产生情绪低落、焦虑、抑郁等不良情绪。长期的网络社交，会导致其现实社交能力的降低，引发其对现实生活的不适应，而这种不适应又会刺激人们更加依赖网络去寻求心理上的平衡。因此，大学生仍然要维持一定的线下人际关系，在实际生活中与人互动，才能避免网络孤独的侵袭。

三、网络行为失范

网络行为失范是指个体在使用网络的过程中表现出来的各种违反道德和违法犯罪的行为，如网络违规行为、网络暴力行为、网络侵权行为等。绝大部分大学生能够正确使用互联网开展学习、生活、社交等实践活动，但部分大学生出现了沉溺网络娱乐、浏览不良信息、侵害知识产权等网络行为失范现象。造成大学生网络行为失范的原因比较复杂，主要有大学生缺乏社会阅历、自制力较差、网络不良环境煽动、对网络空间认识不足、网络规制力量不足等方面。

作为一名大学生，要正确认识和看待网络行为，增强自己的辨别能力和自制力，坚守“去伪存真”“去粗取精”的原则，学会对网络媒介信息进行客观的评价，避免被网络中的不良信息诱导，要主动管理和控制自己的上网行为，承担起网络行为第一责任人的职责，提高自己的网络素养。

四、网络消费冲动行为

网络消费冲动行为是指消费者通过网络购买商品或享受服务时，基于互联网的特定情境产生情绪化的购买欲望，并立即实施购买的行为。也就是说，消费者在浏览网页时，并没有事先想好要买什么，而是在网购企业的营销刺激下，产生情绪化的购买意愿和行为。大学生进入大学后，没有了父母的控制，可以自由地支配金钱和时间，网络购物已经成为大学生活的重要组成部分。由于大学生缺乏正确的消费观念，同时面对网络营销的刺激，所以容易产生冲动消费行为。

大学生的网络消费冲动行为的动因既有外界因素，又有内在因素。外界因素主要包括：商家促销，让人感觉占到了便宜；包装精美，引人入胜；刺激情绪的营销语言；他人的推荐或从众心理等。这些都会促使消费者做出冲动消费的行为。内在因素主要包括：大学生的性格特质，如缺乏计划性、注重及时享乐、缺乏主见、追求个性化和新鲜事物等。另外，大学生在学校里没有父母的约束，拥有对金钱的支配权，但还没有形成完整的消费观念，自我控制能力差，价值观和消费行为很容易受到他人的影响。

大学生还存在非理性购物现象。非理性购物主要分为享受型消费、攀比型消费和情感型消费。享受型消费的大学生沉浸在金钱所带来的满足感上，没有切身考虑自己的家庭条件和消费能力，常常以满足自己的欲望为主。攀比型消费的大学生常常冲动消费，他们的出发点是为了展示、炫耀。情感型消费的大学生，在谈恋爱期间会将所有精力投入感情中，为了获得恋爱对象的芳心，甚至会购买一些超出自己承受能力的物品。

材料9-2
手机带来的问题

第三节 大学生健康网络心理的培育

网络技术的发展本质上是为我们提供服务的，但有些时候，我们却被网络所控制，因此，健康地使用网络，维持身心健康发展，已然成为一个亟待解决的问题。

一、正确全面地认识网络

网络是人类文明发展到一定程度的产物。我们要接受新事物、认识新事物，并用正确的态度来对待网络，全面认识网络所带来的积极影响，同时也要充分认识到网络带给我们的潜在伤害。只有正确全面地认识网络，才能以更谨慎的态度去看待网络、使用网络。互联网的快速发展，改变了我们的生活方式，给我们的生活带来了极大的便利，无论是娱乐、购物、交友，还是学习、工作，都得益于互联网技术的进步。但是，我们也必须意识到网络带来的诸多问题，如虚假的信息、网络暴力等，对大学生的健康成长极为不利。大学生要充分认识到网络的利弊，正确地使用网络，促进个人的成长。

二、了解自己的人格特点

一个人的人格特点与网络成瘾、网络依赖有着密切的联系。研究表明，越内向、越孤独的人在网络使用依赖程度上的得分越高，网络依赖使得个体更加孤僻。网络成瘾者相对于非成瘾者具有较高的抽象思考能力，且有着较不活跃的社交生活形态，更看重自我隐私。网络成瘾倾向较严重的人与自我依赖、低自我暴露、个人中心、对他人情绪敏感等个性特征相关联。此外，一些与抑郁障碍相关的人格特征，如寻求外界认可、害怕被拒绝、低自尊、缺乏动机，也可能导致网络成瘾行为的发生。如果我们可以首先通过自我觉察、心理测评等方式，了解自己的人格特质，然后与网络保持一定的安全距离，使用网络的时候时刻提醒自己不要沉迷，就会大大降低网络成瘾或网络依赖的概率。

三、养成良好的网络使用习惯

习惯是一种长期形成的思维方式、处世态度，是由一再重复的思想行为形成的，具有很强的惯性，就像转动的车轮。人们往往会不由自主地启用自己的习惯，不论是好的习惯还是坏的习惯。可见，习惯的力量会不经意间影响一个人，良好的习惯受益一生。美国心理学家威廉·詹姆斯曾经说过："种下一个行动，收获一种行为；种下一种行为，收获一种习惯；种下一种习惯，收获一种性格；种下一种性格，收获一种命运。”古语有云：“积行成习，积习成性，积性成命。”

我们在使用网络的时候，长期维持某种行为，这种行为固化后，也会养成习惯。如果一个人能够良好地控制网络使用时长、网络使用方式，就会养成良好的网络使用习惯；如果一个人不加控制地上网、无论做什么事都捧着手机，那么时间一长，也会养成不良的网络使用习惯。很多大学生产生网络依赖、网络成瘾，或多或少都与不良的网络使用习惯有关。

良好的网络使用习惯的培养，可以从以下几个方面着手。

首先，有限使用。根据自己的生活、学习安排，确定一个网络使用时长，设置使用的时间点，并严格执行，树立严格的时间观念。

其次，明确上网目的。很多大学生上网并不知道要干什么，上网意识模糊，这样只会增强对网络的依赖感。当我们明确了自己上网的目的，如去搜索自己想要的资料、去学习新的知识等，带着目的高效地使用网络时，我们就不会沉溺于网络，积累上网过程中的积极体验和获得感，从而养成健康上网的习惯。

最后，立即行动，贵在坚持。当你想要建立良好的网络使用习惯时，不要犹豫，立即行动。万事开头难，你一旦迈出了第一步，有了行动，就会产生新的行为习惯。但是，新的行为习惯会遇到旧习惯的阻挠，让你从情绪上体验到不舒服的感觉，只要坚持下去，使新习惯渐渐固化，不舒服的感觉就会慢慢地散去，而你也会受益于新的网络使用习惯所带来的获得感。

四、增强网络安全意识

当前网络中存在各种各样的风险，一不小心可能就会上当受骗。大学生在上网的时候，一定要提高安全意识，要访问正规的网站，切勿访问包含黄色、暴力等不良信息的网站，对网站意外弹出的下载文件或安装插件等请求应拒绝或询问专业人士；在登录网络银行等重要账户的时候，要注意网站是否与官方服务网提供的一致，避免登录虚假网站，造成财产损失；不要轻信网站中发布的诸如“幸运中奖”“兼职刷单”等信息，更不要轻易向陌生账户汇款；在收到来历不明的电子邮件、短信时，在没有确认安全之前，不要轻易打开附件或点击内容中的网址，警惕山寨和钓鱼网站；电脑要设置登录密码，防止电脑的信息被人窃取，不要在网络上泄露自己的隐私信息，如身份证、银行卡号、住址等。总之，大学生一定要提高自我保护意识，安全使用网络。

自我探索

良好网络习惯养成计划

请制订一个健康使用网络的行为计划，并坚持 7 天，每天记录使用时长、使用内容和感受，看看坚持 7 天后，你会有什么体验。如果感觉良好，那么希望你可以继续保持下去！

第一天：________________

第二天：________________

第三天：________________

第四天：________________

第五天：________________

第六天：________________

第七天：________________

拓展阅读

1.《大数据时代》（作者：维克托·迈尔－舍恩伯格和肯尼思·库克耶）

大数据：一场生活、工作与思维的大变革

大数据是当前的热门话题，对各行各业都产生了巨大的影响。大数据改变了我们的生活方式。我们在网络上所看到的信息都会被大数据抓取，并被大数据预测。大数据究竟会带来什么样的变革和影响呢？作者通过各种生动的案例对大数据带来的变革进行了详细的阐述。同学们不妨读一读，相信对你如何看待、使用网络都会有一定的启发。

2.《自控力》（作者：凯利·麦格尼格尔）

10 周时间，拿回人生主导权

在日常生活中，我们都体验过自控力不足的情形，虽然非常懊恼，但很难找到什么办法来提高，或者尝试了很多方法，都不怎么管用，那么你可以读一读这本书。作者在书中分析了原因，告诉你为什么至今都没有成为更好的自己，只有找到了失控的原因，才能避开“自控力失效”的陷阱。每一章都破除一个关于“自控力”的错误观念，并提供一种提升自控力的全新策略。缺乏自控力是达成目标最大的绊脚石。无论什么时候，只要你想做出改变或者达成目标，都可以利用这本书的“10 周课程结构”来训练和提升你的自控力。

材料10-1
心理漫画第十话

第十章 大学生情绪管理

案例 10-1

大学生小雨的心情日记

今早醒来，我感觉天气比昨天更冷了，不过被窝里很暖和，真舒服呀。可是，等下又要起床去上课，想到这里，我心中有些不悦，要是不用去上课该多好呀。临近期末，马上就要考试了，我心中也有些焦虑。

在去教室的路上，正想着该如何安排期末复习计划，这时突然有个人从后面拍了我一下，吓了我一跳，心跳“噌”的一下就上去了，赶忙拍了几下胸口。一看，原来是同学小丁，一路上，我和他交流了期末的复习计划，没想到他也有些焦虑。

下午在图书馆复习，渐入佳境，发觉自己平时知识掌握得还不错，心中感到踏实和喜悦。这时，接到通知，大二的同学要组织一个活动，需要我提供一些帮助。虽然我答应了，但心中还是有些烦躁和一丝气恼，要是平常也没什么，可这都期末了，还有额外的事情来打扰。晚上收到了一个包裹，我正纳闷时，接到了好朋友小孙的电话，原来是他寄给我的生日礼物，实在是太惊喜了。

案例思考

1. 小雨一天经历了哪些情绪？
2. 你怎么看待小雨这一天的情绪变化？
3. 如果你是小雨，遇到相似的情境，你会有什么样的情绪表现？

第一节 情绪概述

一、情绪的定义

“人非草木，孰能无情”，在日常生活中，每个人都有着丰富的情绪体验，时而感到开心和喜悦，时而又会有忧愁和烦恼。那么，什么是情绪呢？

情绪作为一种普遍存在于人类群体中的心理现象，引起了心理学家的广泛关注。然而，迄今为止，对于情绪的定义仍然存在着不同的说法。当前，较为普遍的一种观点是：情绪是以个体的愿望和需要为中介的一种心理活动，当客观事物符合个体的主观愿望和需要时，就会产生积极的、肯定的情绪，反之就会产生消极的、否定的情绪。例如，你在学校遇到了知心朋友会感到愉快、欣慰，受到他人责骂则会感到委屈、生气；在考试中取得了理想的成绩会感到开心、自豪，没有获得满意的成绩则会感到忧伤、气馁。

一般认为，情绪作为一种混合的心理现象，包含三种成分：主观体验、生理唤醒和外部表现。

（一）主观体验

主观体验是指个体对不同情绪的自我感受。比如快乐的感受、忧伤的感受、烦躁的感受、恐惧的感受，这些“感受”就属于“主观体验”。这种体验是一种意识层面的体验，每一种具体的情绪在主观层面上的感受不尽相同。

（二）生理唤醒

生理唤醒是指在情绪发生过程中伴随的生理上的反应和变化，是一种生理的激活水平。当我们体验到某种情绪时，通常都会伴随着一系列的生理唤醒。这些生理唤醒与中枢神经系统、外周神经系统、内外分泌腺等结构的活动相关，表现为呼吸频率、心率、血压、皮肤温度、体内神经化学物质等诸多方面的变化。例如，有研究发现，人在愤怒、喜悦、惊奇、恐惧时，呼吸频率加快，心率增加；悲伤时，呼吸频率变慢，心率减慢。

（三）外部表现

情绪的外部表现是指情绪发生时所展现出来的外在的行为和表现，又称之为表情，包括面部表情、姿态表情和语调表情。面部表情主要通过面部的肌肉活动得以展现，比如高兴时“眉开眼笑”，烦恼时“愁眉不展”，恐惧时“目瞪口呆”。姿态表情主要通过身体和手势的活动得以展现，比如开心时“手舞足蹈”，悲痛时“捶胸顿足”，无奈时“双手一摊”。语调表情主要通过语言的声调、节奏和速度等方面的变化得以展现，例如，高兴时语调高昂，语速较快；悲伤时语调低沉，语速缓慢。

主观体验、生理唤醒、行为表现作为情绪的三种成分，彼此之间交互影响，当我们体验到某种情绪时，通常伴随着某种模式的生理唤醒和行为表现，而生理唤醒和行为表现也会影响我们的情绪体验。

二、情绪的分类

活动体验

请你回顾过去一天的情绪体验，并用相应的词语来描述，填写在下面的横线中。

早晨：______

上午：______

中午：______

下午：______

晚上：______

情绪纷繁复杂，有时我们可以表达出自己的情绪感受，有时却会感到“五味杂陈”，难以名状；有时情绪来也匆匆去也匆匆，有时却会久久停留。我们从以下三个不同的角度来介绍情绪的分类。

（一）按情绪的类型分

从生物进化的角度看，情绪可以分为基本情绪和复合情绪。基本情绪是与生俱来的，每一种基本情绪都有其独特的生理机制和外部表现。

心理学家保罗·埃克曼提出了六种基本情绪，分别是：快乐、悲伤、愤怒、恐惧、厌恶和惊奇。快乐是个体的愿望得到满足后而带来的情绪体验，快乐的程度通常取决于愿望满足的意外程度，个体的愿望越是“出乎意料”地被满足，体验到的快乐就越多；悲伤则是自己所盼望的、所追求的或有价值的事物失去时带来的情绪体验，悲伤的强度取决于所失去事物的价值程度；愤怒通常是愿望或者目的无法达到，或一再受到阻碍而逐渐累积而成的；恐惧则因个体面临已至或迫近的可怕情境，同时又缺乏处理或摆脱这一情境的能力而产生的；厌恶往往是由令个体反感的事物所激发；惊奇则与个体的信念有关，如果外部情境不符合主体信念，就容易体验到惊奇。

复合情绪则是除基本情绪以外的情绪，由两种或多种不同的基本情绪混合而成，是基本情绪和认知评价等因素相互作用的产物，其产生和发展晚于基本情绪，通常依赖于社会情境。常见的有羞愧、尴尬、自豪、后悔、嫉妒、焦虑、依恋等。

（二）按情绪的状态分

根据情绪发生的强度、持续性和紧张度，可以把情绪分为心境、激情、应激三种情绪状态。

心境是一种比较微弱而持久的情绪状态，具有弥散性，构成其他心理活动的“背景”，使个体的一切活动都带有某种情绪色彩。例如，心情舒畅的时候，做事有干劲，感到“称心如意”；相反，灰心丧气时，整个人无精打采，觉得事事不顺。每个人心境的持续时间有着很大差别，短的可能持续几小时、几天，长的可能持续数周、数月乃至更长。

激情是一种强烈的、爆发性的情绪状态，持续时间短暂。这种情绪状态通常是由对个人有重大意义的生活事件引起的。比如，球迷们看到自己支持的球队获胜的那一刻感到激动、兴奋，为之欢呼、狂奔。在激情状态下，容易出现“意识狭窄”现象，即认识活动的范围缩小，理智分析受到抑制，导致自我控制减弱，甚至出现鲁莽的行为。因此，当个体处在激情状态时，应有意识地调节和控制自己的行为。

应激则是突然遭受某种意外刺激而引起的情绪状态，身心快速地进入一种紧张状态以应对面临的刺激。例如，一名司机驾驶着机动车平稳地行驶在道路上，这时前方突然闯出一个行人，司机猛踩刹车将车辆停住，感到“心惊胆战”。应激对我们的生活具有两方面的作用：一方面促使机体在面对紧迫和危险时，能快速有效地调动和分配生理、心理资源，以应对当下的情景，从而提高适应和生存能力；另一方面，应激也会影响我们的生活质量和身心健康，超负荷的应激甚至会引发一系列精神障碍和生理疾病。

（三）按情绪的愉悦度分

按照情绪的愉悦度，可以把情绪分为积极情绪和负性情绪。积极情绪指的是感觉愉悦的一类情绪，常见的有高兴、感激、安宁、希望、自豪、惊奇、激励、喜爱等；负性情绪则是不愉快的一类情绪，常见的有悲伤、压抑、焦虑、担心、害怕、烦躁、愤怒、失望、嫉妒、愧疚等。值得注意的是，并不是所有的负性情绪都是不好的。负性情绪是我们面对外部刺激时情感上的自然流露，对心理健康也有积极作用。但是，如果负性情绪过于强烈，瓦解人们正常的应对能力，则会对心理健康产生消极作用。

三、情绪发生机制

情绪是如何发生的？对于情绪的发生机制，心理学家进行了大量的研究，提出了诸多理论模型来解释。在这里，为了帮助大家理解情绪的发生机制，我们简要介绍其中两个较为经典的理论：一是沙赫特和辛格情绪理论，又称为认知—生理结合说；二是拉扎勒斯的认知—评价理论。

（一）沙赫特和辛格情绪理论

美国心理学家沙赫特和辛格认为，情绪的产生需要三个因素，即认知过程、生理唤醒和环境因素。一个人的情绪状态是认知过程、生理状态和环境因素在大脑皮层中整合的结果。环境中的刺激因素，通过感受器向大脑皮层输入外界信息；生理因素通过内部器官、骨骼肌肉活动，向大脑输入生理状态变化的信息；认知过程是对过去经验的回忆和对当前情境的评估，来自这三方面的信息经过大脑皮层的整合作用，才产生了某种情绪体验。

（二）拉扎勒斯的认知—评价理论

拉扎勒斯认为，情绪是人与环境交互作用的产物，个体所处的情境与其自身的利害关系决定了具体的情绪，而这种利害关系的性质是经由评价做出的。个体需要不断地对环境中的刺激与自身的利害关系进行评价，这种评价随时都会发生，是个体生存适应的一部分。评价分为初评价和再评价。初评价有三种类型，当刺激被评价为无关时，评价过程结束；当刺激被评价为有益时，表征为愉悦、安宁等情绪；当刺激被评价为有害时，产生失落、威胁、挑战等感觉。再评价是对初评价的继续，常发生在对有害的评价中，主要是对自己的应对策略和后果进行评价，进而产生相应的情绪和行为。拉扎勒斯的情绪评价过程见图 10–1。

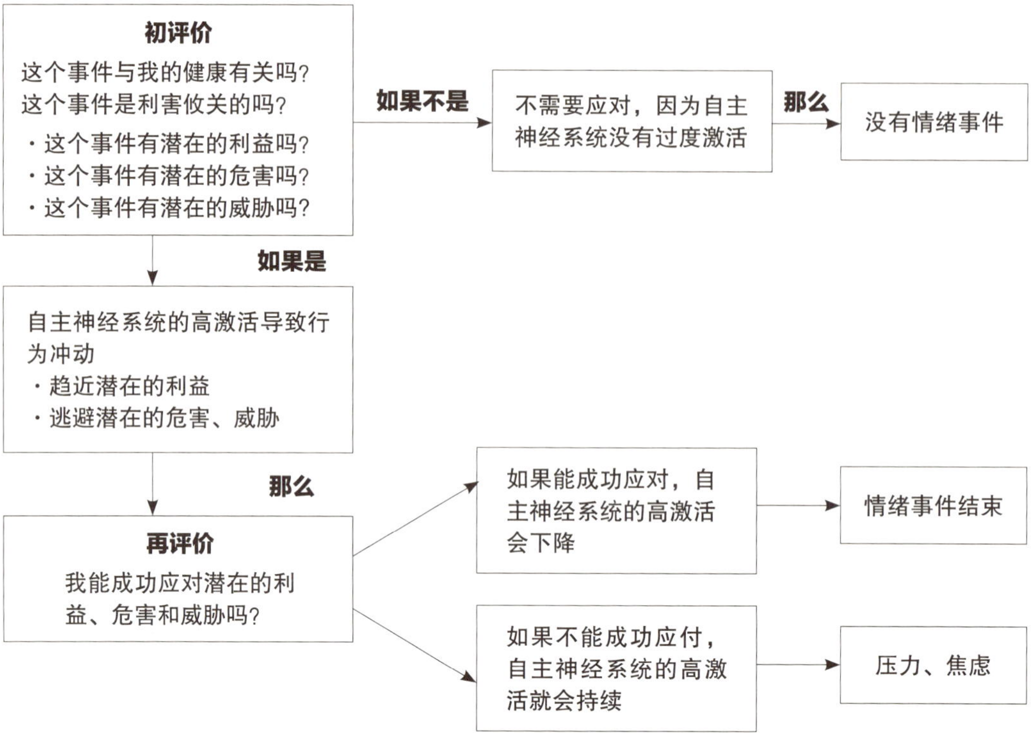

图10–1　拉扎勒斯的情绪评价过程

（资料来源：傅小兰．情绪心理学[M]．上海：华东师范大学出版社，2016：46.）

四、情绪的功能

进化心理学有一个基本主张——人的心理是适应的产物，某种心理现象之所以存在，是因为能够解决某种适应问题。诚然，一些情绪会给人带来痛苦，甚至带来一定程度的破坏性，但情绪也同样具有一些功能。设想一下，如果你的生活中体验不到任何情绪，那么生活将会是怎样的？

一般认为，情绪的功能主要有四个方面：适应生存的心理工具，唤起心理活动和行为的动机，心理活动的组织者，人际交流的手段。即：适应功能、动机功能、组织功能、信息传递功能。

（一）适应功能

情绪是个体适应生存和发展的一个重要手段，能够指引个体对行为做出适应性调整。例如，刚出生的婴儿，没有独立生活的能力，不会说话，只能通过情绪表达获得成人的照料，得以生存下去；又如，当我们追求的目标失败了，会体验到悲伤，这种悲伤的体验会促使我们做出行为上的适应性调整——继续努力、放弃抑或寻找新的计划；再如，恐惧会帮助我们远离危险。

（二）动机功能

情绪能够成为动机的来源，促使个体朝着目标前进。例如，取得卓越的学业成就会给人带来自豪感和满足感，能够激励个体不断朝着目标前进；考试临近，适度的焦虑会促使你好好复习。

（三）组织功能

情绪对个体的注意、记忆、决策等其他心理过程会产生影响。一般而言，正向的情绪对其他心理活动具有协调组织作用，负性的情绪有一定的破坏和瓦解作用。例如，在安宁的情绪状态下，注意力比较容易集中；在过度紧张的状态下，注意力则难以集中。

（四）信息传递功能

情绪能够在人际沟通中起到传递信息、沟通思想的功能。这一功能主要是通过情绪的外部表现（面部表情、姿态表情、语调表情）得以实现的。例如，我们通过点头微笑表示认可，通过摇摆双手表示拒绝。此外，情绪信息也是言语信息的重要补充，有助于我们更准确地传递和理解彼此间的信息。例如，我们生活中可能都有类似的经历或听闻，在网上利用文字进行交流时彼此间产生了一些误会，其中一个原因就是文字交流无法获取对方的情绪信息，而当事人却“自带语气词”——把自己理解的，但未必真实的情绪信息安放在对方的文字上。

第二节 大学生常见的情绪困扰

一、大学生的情绪特点

从发展心理学的角度而言，经过“疾风骤雨”的青春期后，个体到十八九岁时，生理趋近成熟，然而心理成熟仍在继续。处于此时期的大学生，情绪丰富多变，带有鲜明的特征。

（一）丰富性

总体而言，大学生的情感素质发展水平尚好，情绪体验以积极情绪为主，表现为乐观、活泼、开放、热情，精力旺盛、积极向上，充满朝气和激情。此外，随着自我意识的发展，表现得更加细腻和深刻。

（二）矛盾性和复杂性

大学时期是个体自我意识进一步发展和成熟的重要时期，也是面临许多人生重大选择的时期，在自我意识整合的过程中，不可避免地会体验到冲突，呈现出矛盾和复杂的情绪状态。例如，理想和现实之间的差距会带来情绪上的冲突；在人际互动中，既希望得到他人的理解，又不愿意接受他人的关心；在自我发展上，对当下的自己既不满意又不愿意承担责任。

（三）波动性和冲动性

大学生群体处于青年期，精力充沛，富有激情。相比于青春期，大学生的自我控制能力有所提高，对情绪也有更好的调控能力，不过情绪的稳定性尚未形成，表现出起伏状态。此外，由于大学生兴趣广泛，对外部事物较为敏感，加之具有从众心理，在很多时候情绪容易被激发，产生强烈的负面情绪，甚至以具有破坏性的方式表达，表现出冲动性。当然，也有一部分学生存在过度压抑自己情绪的情况。其实，个体不论有何种情绪体验，都是被允许的，需要注意的是应以适当的方式来表达情绪。

（四）阶段性

在大学生活中，不同年级的大学生所面临的主要任务不同，自我的发展程度也不同，因此，在情绪上也表现出了阶段性的特点。

一般而言，大一阶段刚来到校园，对大学生活不熟悉，主要面临的是环境适应问题，包括熟悉大学生活、建立新的人际关系、调整学习的方式和确立新的学习目标。因此在大一阶段，面对新环境、新人际，会有新鲜感、好奇感，也会有恋旧感、孤独感；对待学习，既有放松感，也有不适感。大二、大三阶段是相对稳定的时期，能够较好地融入大学生活，投身于专业学习、社团活动、人际交往和社会实践，情绪体验丰富多彩。到了大四，临近毕业，完成毕业论文、求职、继续升学等成为主要的压力，容易体验到焦虑和迷茫，消极情绪增多。

二、大学生常见的情绪困扰

大学生群体的情绪体验丰富，对于快乐、满足等情绪体验很受欢迎，但是对于焦虑、抑郁、愤怒等让人感到痛苦的情绪体验就非常排斥了。以下是大学生常见的几种情绪困扰。

（一）焦虑

焦虑是当个体感受到威胁或有潜在风险时而产生的情绪体验，是对不确定结果的担忧，担心出现不好的结果，主要表现为紧张、忧虑和不安。焦虑和恐惧常常紧密相连，一般而言，当威胁是现有的或者即将到来的时候，就会出现恐惧；而当威胁可能存在但不确定的时候，则会体验到焦虑。不过，在日常生活中，两种情绪状态并非完全独立。

焦虑是日常生活中常见的一种情绪体验。比如，面临考试、比赛，任务截止时间临近时，都容易体验到焦虑。一般来说，随着事情的发展，焦虑就会慢慢消失。只要不是毫无现实依据的担忧，或未对自己造成明显的痛苦并影响日常的生活和学习，都是一种正常的反应。

（二）抑郁

抑郁是个体感到无法应对外界的压力，认定会有消极结果而产生的一种情绪体验，主要表现为情绪低落、心情压抑、言语减少、思维行动迟缓、对未来感到悲观等。抑郁也是一种常见的情绪体验，大学生的抑郁情绪主要由生活中的刺激事件引发，比如学业失败、人际冲突、亲子矛盾等。

需要注意的是，抑郁情绪和抑郁症不能等同。抑郁情绪是一种负性的情绪体验，随着刺激事件的过去、自我的调整，这种负性情绪会在短时间内恢复。抑郁症又称为抑郁障碍，是以显著而持久的心境障碍为主要特征的一种疾病，临床表现可概括为“三低症状”，即情绪低落、思维迟缓和意志减退。

（三）嫉妒

嫉妒是看到他人在才能、名誉或地位等方面比自己优越时，而产生的带有憎恨、不服气、不愉快等因素组成的复杂的情绪体验。嫉妒的原因在于，看到在自己在意的某个方面，对方比自己优秀，心中就觉得自己不如别人、不够好，却又无法接受。

其实，每个人都会有一些嫉妒之心，当我们感到嫉妒的时候，并不需要否认和压抑这种感受，而是应该学着去辨认和接纳。问一问自己，是否真的不如别人？若确实如此，就应正视自己的不足，欣赏他人的长处，并转化为自我成长的动力。

（四）愤怒

愤怒是个体内在的需求、愿望、目的无法实现或受到阻碍时产生的情绪反应，按照个体感受程度的不同，可分为不满、气恼、愤怒、暴怒、狂怒等。在日常生活中，不良的人际关系、感到被侮辱或欺骗、挫折或干扰、强迫做自己不愿意做的事情，都会成为愤怒的来源。此外，情绪本身也能导致愤怒，例如，持续的痛苦也会转化为愤怒。

在愤怒状态下，人的身体会变得紧张，心跳加速、血压升高，使得个体的自控力减弱，思维受阻，甚至做出一些攻击他人的行为，造成不可挽回的后果。当个体有一些不满的情绪时，需要及时通过恰当的方式进行疏导和宣泄，以免累积。此外，当某些事情使得自己十分愤怒时，要先让自己冷静一下，待情绪稳定一些后再寻找合适的解决方式。

第三节 大学生情绪调节策略

人们总是倾向于“趋乐避苦”，凡事都想称心如意，然而，生活并非一帆风顺，难免会有失意的时候，给我们带来忧愁烦恼、痛苦哀伤。许多时候，我们无法控制事态的发展，但可以选择如何做出回应。那么，在面对情绪困扰的时候，我们该如何调节呢？

情绪调节是指个体通过一定的策略和机制，管理和改变自己或他人情绪的过程，使情绪在生理活动、主观体验、表情行为等方面发生一定的变化。喜怒哀乐本是人的正常反应，从目的上讲，情绪调节并不是要消除这些情绪体验，而是要通过调节使自己的情绪处在一个适宜的状态，过好当下的生活。

一、情绪觉察

情绪觉察就是觉察到自己当前的情绪状态。情绪觉察是情绪调节的基础，当我们失去对情绪的觉察，就有可能被情绪牵着走。例如，生活中我们有时会说“刚刚一激动，冲昏了头脑”。我们只有对自己的情绪有所觉察，才有可能不被情绪左右。那么该如何觉察情绪呢？

有意识地觉察当下的情绪。情绪觉察意味着当个体被激发出某种情绪的时候，先不要着急，应主动地、有意识地觉知、感受当下的情绪。觉察时留意三个方面，情绪的体验、身体的感觉、心中的想法。此时此刻，你有什么样的情绪体验、身体感觉到了什么、心中有什么样的想法。要注意的是，觉察时不要去思考这些问题，而是要去体验和感受，不管出现什么样的情绪，都要带着允许的态度，无须去做“好”还是“坏”的判断。

给情绪命名。给情绪命名就是用一到两个词来描述和标记觉察到的情绪。有研究显示，用词语对体验到的情绪进行命名和标记，有助于减弱情绪反应。例如，当你感到情绪被激发的时候，可以有意识地停下来去觉察情绪，看看自己体验到了什么，若体验到烦躁，就标记为“烦躁”，标记时可以发声也可以不发声。带着一种被允许的态度，有意识地觉察情绪并标记命名的意义在于，当我们受情绪左右时，愿意给自己留一点时间看看发生了什么，然后和情绪拉开一点距离，从而帮助我们采取适宜的行动。

二、情绪接纳

情绪接纳是指不按照个人的道德标准去评判所体验到的情绪，不管是积极的还是消极的，都看作个人情感的重要组成部分，对所有的情绪都保持一种接纳的态度。要知道，情绪体验本身并没有“好”与“坏”，也没有“应该”与“不应该”之分。情绪接纳并不意味着要“喜欢”自己的情绪，或是“放任”自己随意地表达情绪；接纳意味着，当情绪发生时，我们愿意去面对它和感受它。

当我们觉察到自己情绪的同时，要对自己的情绪保持一种接纳的、“顺应自然”的态度，尤其是对于一些负性情绪，无须过度地自我评判，因为我们的想法和情绪体验往往是相互影响的，负性情绪体验常常会唤起个体的负性思维方式，负性的思维方式又会加强负性的情绪体验。我们可以把负性情绪体验看作对自己的一个“提醒”，提醒自己，在那一刻你需要一些时间去调整自己。我们或多或少都有过类似的经验：当你体验到一些负性情绪的时候，越是压抑、回避，反而越是强烈。倘若我们愿意去面对和体察，你会发现，负性情绪也会自然消散。

心理小贴士

踢猫效应

一位父亲在公司受到了老板的批评，回到家就把沙发上跳来跳去的孩子臭骂了一顿。孩子心里窝火，狠狠去踹身边打滚的猫。猫逃到街上，正好一辆卡车开过来，司机赶紧避让，却把路边的孩子撞伤了。这就是心理学上著名的“踢猫效应”。踢猫效应是指对弱于自己或者等级低于自己的对象发泄不满情绪，从而产生的连锁反应。踢猫效应描绘的是一种典型的负面情绪的传染。人的不满情绪和糟糕心情，一般会沿着等级和强弱组成的社会关系链条依次传递。由金字塔一直扩散到最底层，无处发泄的最弱小的那个元素，则成为最终的受害者。在现实生活中，我们很容易发现，许多人在受到批评之后，不是冷静下来想想自己为什么会受到批评，而是心里很不舒服，总想找人发泄心中的怨气。其实，这是一种没有正确地认识自己错误的一种表现。受到批评后，心情不佳，这是可以理解的，但是在挨批之后产生“踢猫效应”，这不仅于事无补，反而容易激发更大的矛盾。

那么踢猫效应是如何产生的呢？一般而言，人的情绪会受到环境以及一些偶然因素的影响，当一个人的情绪变坏时，潜意识会驱使他选择下属或无法还击的弱者发泄。受到上司或者强者情绪攻击的人又会去寻找自己的出气筒。这样就会形成一条清晰的愤怒传递链条，最终的承受者，即“猫”是最弱小的群体，也是受气最多的群体（有多个渠道的怒气传递到此）。

现代社会中，工作与生活的压力越来越大，竞争越来越激烈。这种紧张很容易导致人们情绪的不稳定，一点不如意就会使自己烦恼、愤怒起来。如果不能及时调整这种消极因素带给自己的负面影响，就会身不由己地加入“踢猫”的队伍当中——被别人“踢”和去“踢”别人。

三、运用情绪调节策略

在情绪调节方面，著名心理学家詹姆斯·格罗斯做了许多富有价值的研究，提出了情绪调节的过程模型。格罗斯认为，情绪调节是在情绪发生的过程中展开的，在情绪发生的不同阶段，会产生不同的情绪调节。情绪的发生大致经历了四个阶段：首先是进入某个特定情景，随后注意到情景中的某些方面而忽略另一些方面，接着对于注意到的方面，我们会做出认知上的评价和解释，最后产生情绪反应，包括主观体验、生理变化、行为冲动三个方面。根据情绪的发生过程，调节策略可以分为情景选择、情景修正、注意转换、认知重评、反应调整五大类。

（一）情景选择

情景选择指的是个体选择趋近或避开将要遭遇的某些人、事件或场合，从而控制可能产生的情绪体验。在日常生活中，我们经常会使用这样的策略来防止负性情绪的发生或增加积极情绪发生的机会。例如，一个有社交焦虑的人，应尽量避开社交的场合，以减少焦虑情绪的产生；一个十分享受社交的人，则应多参加社交活动，以获得愉悦的情绪。

不同情景会给人带来不同的感受，有的是愉悦的，有的是烦恼的。情景的选择，可能是有意识的也可能是无意识的。有时候，我们采取一些回避策略，不进入某种情景中，对我们是有适应价值的，这可以帮助我们减少烦恼。不过，我们也不可能回避所有不愉快的场景。无限制地使用回避策略可能会有副作用，让我们错失一些自我成长的机会。

（二）情景修正

情景修正指的是当我们选择进入某个情景之后，对情景中的一个或几个方面进行改变，从而调整情绪。在日常生活中，有些情景是我们无法选择的，而这些情景又会激发我们的情绪反应，这时候就需要我们对情景做一些修正。例如，大一新生第一次远离家乡到外地求学，在路上可能会有些担心和害怕，这时可以邀请亲友陪同以减少负性情绪。情景修正策略运用的关键点是，找到情景中影响情绪的主要因素，做出建设性的改变。例如，有的同学害怕上台演讲，原因是担心自己能力不够、讲不好，那么要做的就是有意识地培养演讲能力，在演讲前做好充分的准备和练习。

（三）注意转换

注意转换指的是关注情景的某个或某些方面，包括将注意力集中于某个特定的话题或任务，离开原来的话题和任务。当一个话题或者任务带给我们比较糟糕的情绪体验时，我们可以把注意力从当前话题转移到其他事情上。

（四）认知重评

活动体验

假设在一个风和日丽的下午，你带着风筝去公园游玩。你把风筝放在公园的长椅上，突然走过来一个人，坐在了椅子上，把风筝压坏了。这时你会有什么样的感受和想法？

____

____

你仔细一看，发现对方是一个盲人，这时你的感受和想法又会怎样？

____

____

1. 认知重评的相关理论

认知重评指的是对引起情绪的事件进行重新理解。在情绪发生机制中，我们介绍了两个经典的理论——“沙赫特和辛格情绪理论”“拉扎勒斯的认知—评价理论”，用来解释和理解情绪发生的机制。这两个理论都强调“认知”在情绪形成过程中的重要作用。可以说，这两个理论更多的是从基础研究的角度去分析、解释人类各种情绪发生的基本机制。在心理咨询与治疗领域，美国心理学家阿尔伯特·艾利斯提出的理性情绪疗法，则可以更好地帮助我们理解和处理情绪困扰。这一疗法关于心理失调的原因和机制的看法集中体现于ABC理论。

（1）ABC理论的基本观点。在ABC理论中，A指的是激发事件，英文为activating events，B指的是对于A的信念、看法，英文为belief；C指的是在A发生之后，个体出现的认知、情绪和行为，英文为consequence。因为人们的不良情绪或行为总是紧接着A出现，所以人们会习惯性地认为，C是A导致的。然而在理性情绪行为疗法看来，事实未必如此，在A和C之间，还有一个重要的因素，就是对激发事件A的信念、认知、评价或看法。不是A直接引起了C，而是B引起了C，即刺激事件本身并不是引起情绪反应的直接原因，个人对刺激情境的认知和评价才是引起情绪反应的直接原因。例如，考试临近（激发事件A）时，感到焦虑（行为结果C），表面上看是因为考试临近导致了焦虑，但是我们会发现，同样面对“考试临近”有的人焦虑，有的人却不焦虑，背后的原因就在于对这件事情的看法（B）不同。焦虑的人，内心的想法可能是“我要考不好了”“考不好就要完蛋了”；不焦虑的人，内心的想法可能是“我准备得挺充分的”“考不好也无所谓”。

（2）非理性信念及其特点。在理性情绪疗法看来，人有理性的一面，也有非理性的一面。如果非理性信念大量地、频繁地占据了人的大脑，那么就更有可能深陷情绪的困扰而无法自拔。如果人们能够将非理性信念转换为理性信念，那么情绪的困扰将会大为减轻。非理性信念主要有三个特征：绝对化要求、过分概括化、糟糕至极。绝对化要求通常是和“必须”“应该”等字眼联系在一起的，比如“我必须获得成功”“别人必须像我希望的那样对待我”“我的生活环境必须是合我意的”。过分概括化则是以一件事或某几件事来评价整个人，比如“这次考试没考好，我永远也不会有什么出路了”。糟糕至极则是过度放大结果，认为结果非常可怕，比如“我必须考上大学，现在竟然没考上，没有比这更可怕的事情了”。

视频10-1
非理性信念

一个人为什么会发展出非理性信念呢？在艾利斯看来，主要有以下几个方面的原因：首先，人类存在一种固有的倾向，趋向于用非理性的角度来看待事物；其次，儿童期学习的结果，因为人有非理性的倾向，儿童比成人更缺少客观评价自己和环境的能力，很容易从父母对自己的批判或表扬中概括出非理性信念，并进一步内化为自己的信念；再次，人们容易把一些理性的信念过度概括化为非理性的信念，例如“关心他人是一个好品质”，概括化为“我必须在任何时候都关心他人，否则我就不是一个好人”；最后，一个人长大后也会不断地给自己灌输一些非理性的信念，使之得以维持。

（3）ABC理论的运用。在ABC理论看来，当一个人因某事而深陷情绪困扰时，如果能够找到关于此事的非理性信念，并将其转变为理性信念，那么就可以改善情绪。

首先，明确当前的情绪困扰；然后，找到导致困扰的激发事件；再分析记录事件发生时内心的想法和评价，找到非理性信念；最后重新审视非理性信念，重建认知，建立理性信念，使情绪与行为得以改变。

2.认知重评的技术

该如何对自己的“认知想法”进行省察，建立新的认知呢？以下我们将介绍几种思考的技术。

控辩方技术。控辩方技术指的是分别寻找支持认知想法的证据和反对认知想法的证据，并综合考虑两者的结果，从而形成新的认知。控辩方技术类似于法院的庭审过程，控辩双方通过举证来提出主张，最后法院综合考虑双方的主张和证据形成判决。运用控辩方技术重建认知时，可以先思考“支持你当前想法的证据是什么”，然后思考“反对你当前想法的证据是什么”，综合两者后思考“现在看来什么样的结论更合理呢”。

发散思维技术。发散思维技术就是对发生的事情，从多个角度分析可能的解释，例如问一问自己，“还可能是什么原因”“如果这个事情发生在别人身上，他会怎么想”；而后为每种解释寻找支持的证据，进而评估每种解释的可能性，并采取合适的行动进行验证。

（五）反应调整

反应调整策略是指事情已经发生了，且情绪被激发，这时通过调整情绪的反应来改善情绪状态，从而帮助我们更好地去面对。例如，你突然遭受惊吓，感到紧张、害怕，你通过调整呼吸、拍胸脯等方式让自己安稳下来，这就是一种反应调整。

1. 合理宣泄

面对一些不良的情绪反应时，我们可以选择合适的方式把情绪宣泄出来，让情绪能够得以表达和流露。合理宣泄意味着在情绪表达和有意控制之间取得一种平衡。例如，对于一些情绪冲动的人，要适当留意和控制，避免不假思索地“发脾气”，造成不良的后果；对于时常压抑自己情绪的人，则要适当放松，允许自己通过合适的方式表达，而不是一味地压制。常见的宣泄方式有向朋友倾诉、适当哭泣、呐喊等，大家可以结合自身情况灵活选择和使用。

视频10-2 曼陀罗绘画放松技术

2. 放松调节

通过有意识的放松，能够帮助我们缓解身体和心理的紧张状态，让身心变得松弛，改善不良的情绪状态。放松的方式有很多，如听一些柔和的音乐、散步、呼吸放松法、肌肉放松法等。

视频10-3 情绪稳定化技术

3. 运动调节

运动也是一种很好的调节情绪的方式。它可以帮助个体转移注意力、缓解压力、宣泄情绪、促进积极的情绪体验。不过需要注意的是，要根据自己的身体状况，保持适当的运动量，中等强度的运动有助于改善情绪，但是剧烈运动则有可能让心情变得更差。另外，长期地、有规律地参加体育锻炼对于维护身心状态有着更好的效果。

4. 寻求社会支持

社会支持也是一项调节情绪的重要方式，与自己信任的朋友、家人分享生活中的快乐和忧愁，可以从中获得理解和陪伴，舒缓负面情绪。此外，当深陷负面情绪困扰而感到无力应对时，也可以积极地向心理咨询师、心理医生等专业人员寻求帮助。

自我探索

非理性信念主要包括绝对化要求、过分概括化和糟糕至极三种类型，请你阅读表 10-1 中的描述，识别它们属于哪一种非理性信念，并将其调整为理性信念。

表10-1　识别非理性信念

	非理性信念的种类	调整后的理性信念
我对她那么好，她也必须对我好		
如果考不上985、211大学，我这辈子就完了		
我是一个一无是处的人		
我这么爱他，他绝对不能跟我分手		
和他分手后，我就不可能再有幸福了		
我必须获得成功		
别人必须好好待我		
英语六级考试没通过，我肯定找不到一份好工作了		
我犯了一次错，这辈子都不会被人信任了		
跟好朋友产生了一点小误会，我们不可能和好了		
一个人必须在各方面都有才能、有成就，才是有价值的		
他欺骗过我一次，说明他是一个谎话连篇、不值得信任的人		
一旦生活出现不如意的事情，我就感觉大难临头了		

拓展阅读

1.《情绪修复全书：17 个对症下药的心灵处方》（作者：乌多·贝尔和加布里埃莱·弗里克－贝尔）

了解并善待自己情绪的人，才能过好这一生

我们无比注重情绪，渴望每天都过得开心快乐。只是每种情绪问题各有特点，我们需要有针对性地进行处理。此书作者依据其 30 余年的治疗经验，全面盘点、深入剖析了 17 种情绪。其中既有快乐、悲伤、生气等基本情绪，也有羞耻、好奇心等“不像情绪的情绪”。针对每种情绪的特点，作者以诗意化的语言介绍了其基本内涵，立足现实生活进行了答疑解惑，并将列出操作步骤。同学们可以在真实案例中窥见自己的影子，尝试按照作者描述的步骤，进行情绪的自我修复。

2.《效率脑科学：卓有成效地完成每一项工作》（作者：戴维·罗克）

换一种方式对待工作和生活

人类一切心理现象及其功能的基础都在大脑，如果我们能充分认识和理解大脑的运作模式，就可以有意识地“调动大脑”，改变自己的行为习惯，更有效地学习、工作，应对生活中的诸多困难和挑战。本书以故事的形式呈现，以场景化的方式讲述了两位主人公——埃米莉和保罗，在一个普通的工作日所经历的一系列挑战——处理电子邮件、会见客户、推进项目进展等，涉及了决策、情绪管理、人际沟通与协作等主题。实际上，书中所呈现的并不是“危机四伏”“惊心动魄”的生活，而是一个普通的日常，是我们每个人的常态。

作者的巧妙之处在于，将这样的生活一幕幕地呈现在读者面前，然后从脑科学的角度来解释其中的现象，说明了是大脑的何种特性使得我们在面临生活的挑战时陷入了困境。更具意义的是，作者基于大脑的运作特点，对场景进行了“重演”，帮助你更好地去应对这些挑战。

第十一章 大学生挫折应对

材料11-1
心理漫画第十一话

案例 11-1

小雨在第一学期期中考试结束后，由于成绩不是很理想，整日郁郁寡欢。尤其是想起高中时的优异成绩，对比下来，让小雨更加难以接受当前的成绩。而同宿舍的乐乐这次考得非常好，在宿舍里有意无意地炫耀自己的成绩，这让小雨更加难过，就与乐乐大吵了一架，两人陷入冷战。屋漏偏逢连夜雨，远在外省的男朋友也在这个时候跟她提出了分手，并告诉小雨，他有了新的恋情。这一系列的打击让小雨一蹶不振。她感到很压抑，脾气变得很差，开始出现厌学的心理。

案例思考

1. 小雨郁郁寡欢的原因是什么？
2. 小雨遇到了哪些挫折？
3. 如果你是小雨，你会如何应对这些挫折？

第一节 挫折概述

一、挫折的含义

挫折是指个体在进行目的性活动的过程中，遇到无法克服的障碍或干扰，导致预想的目标无法实现，从而产生的紧张状态和情绪反应，如紧张、焦虑、愤怒、困惑等。

挫折包含挫折情境、挫折认知、挫折反应三要素。挫折情境是指导致个体目的性活动受挫的内外障碍或干扰而呈现出的情境状态，如挂科、失恋、被排挤等。挫折认知是指个体对挫折情境的感知和评价，是主观感受，与个体的挫折阈限相关。挫折反应是指个体依据挫折认知，在自己需求未得到满足时做出的情绪或行为反应。其中，挫折认知是核心要素，不同的人对同一挫折有着不同的知觉判断，决定了个体对挫折的承受能力。

二、挫折产生的原因

挫折产生的原因是复杂多样的，挫折的产生与个体生理因素、自我认知程度、活动动机强度等主观方面息息相关。同时，挫折的形成也深受家庭、学校、社会等外界环境的影响。大学生处在世界观、人生观形成的重要阶段，涉世未深，人格发展尚未完全形成，从高中到大学生活的转变，必然会经历一些挫折。

（一）主观因素

挫折产生的主观因素包括个体生理方面的限制、个体自我认知的不符、个体多个动机之间的冲突，以及个体完成目的性活动能力的欠缺等，致使个体预想的目标没能达成，进而产生挫败感。

1. 生理方面

生理方面主要是指由于先天的一些生理要素，如身高、体重、外貌等存在限制，个体需求无法得到满足，所以产生失落感。大学生处于青春期，对自己的容貌、身高关注度较高，部分学生先天条件不具优势、信心不足，不敢社交，从而产生容貌焦虑。还有部分学生体力不行，因学校组织的体能测试一直不能达标而产生挫败感。

2. 自我认知

自我认知决定了个体对自己的了解程度，它包括自我观察和自我评价。过高和过低的自我评价都容易使个体形成不符合自身实际情况的动机，努力方向一旦错误，便无法完成任务。大学生涉世未深，社会经验比较缺乏，自我观察不够全面，经常因不能准确把握自身的优缺点，而给自己制定过高的目标，一旦目标无法达成便会产生挫败感。如自认为球技比较优秀的同学未被学校球队选中，那么产生的挫败感会比自认为球技一般的同学未进入球队的挫折感要强得多。

3. 动机冲突

动机冲突是指个体在目的性活动中，常常会有两个或两个以上相互排斥的动机。这些同时存在的动机如果不能同时实现，个体必须做出取舍时，动机冲突便会产生。如有些学生干部一方面想要多做事情，获得更多的荣誉称号，另一方面又想拥有更多的个人时间，两者不能兼得时内心就会产生挫败感。

4. 能力强弱

大学生能力的强弱与自身年龄、性格、经历等息息相关。个体能力不同，对于实现目标的控制力就有所不同，能力强的人在实现目标时相对轻松，能力弱的人则相对吃力。有些大学生因为能力的限制，完成同样的任务比别人要付出更多的努力，甚至付出再多的努力也不如别人时，内心就会产生挫败感。如有些学生在高等数学的学习上，比别人付出更多的努力，但仍然赶不上能力卓越的同学。

（二）客观因素

挫折产生的客观因素是多方面的，如大学生的家庭环境变化、学校环境变化、社会环境变化以及自然环境变化等。

1. 家庭环境

家庭是人出生后生活的第一个基本单元，家庭环境对人的影响是持续一生的，也是多方面的。家庭成员的构成、家庭经济状况、家庭人员素质等因素对家庭成员会产生不同程度的影响。在校大学生很多心理问题的发生与早期家庭生活的影响存在很大的关联，都说父母是孩子的第一任老师，父母的教育方式、向子女灌输的价值理念都会深刻影响子女的成长。父母离异、家庭遭遇变故、家庭成员较为复杂等一系列家庭问题都会影响大学生的心理健康，对大学生的人格特点和人际关系发展都有严重影响。

2. 学校环境

学校是大学生除了家庭之外的第二大生活场所，也是大学生参与教育活动的主阵地，学校环境不适应容易使大学生遭遇行为挫折。大学校园是一个小的社会子集，大学生初入大学就要面临新生适应性问题，如教学方式、管理模式、师生关系的改变，也成为大学生遭遇挫折的客观因素。适应能力较差的学生刚步入大学时，会因为理想与现实中的大学存在差距而产生挫折感；交往能力较差的学生会因为交往能力的欠缺而出现孤独感或空虚感，进而产生挫折感。

3. 社会环境

社会环境是指人们生活的物质条件和精神条件的总和。社会的进步和发展必然伴随着一些不和谐因素的存在，导致社会冲突加剧。进入大学后，信息来源渠道不断得到扩充，受社会的影响相较于高中阶段则更为复杂。同时，大学生群体本身的特质决定了他们在社会群体中是最为活跃、最易受到外界影响的，容易产生挫折感。

4. 自然环境

由自然环境变化带来的一些灾难性事件，如地震、海啸、山洪等，还有一些自然原因导致的传染性疾病、突发性事件等，在自然界恶劣环境的影响下，人类的力量显得极为渺小。这些事件的发生也会对大学生产生极大的影响。

三、挫折对个体的影响

挫折对大学生来说是一把双刃剑，根据挫折产生的影响不同，可以将其划分为积极方面的影响和消极方面的影响。

视频11-1
积极心理品质如何塑造人

（一）积极方面的影响

适当的挫折可以激发大学生的创造力与活力，提高他们对生活的期待，给予他们克服困难的勇气和信心。挫折也能培养大学生的进取精神，帮助大学生更快地适应社会生活。

1. 认清自我

大学生在遭受挫折后，通常会对自己的经历进行分析，虽然挫折带来了不舒服的感受，但大学生仍然能够清醒地认识到自己所追求的目标是具有现实性的，而遭遇的挫折则只是阶段性的。同时，通过对挫折的分析，大家也会更加清晰地认识自己，找出自己遭遇挫折的原因，并找到行之有效的解决办法。这样挫折就促使大学生完善了自身的知识结构，提升了自己的认知水平。

2. 调整目标

大学生遭遇挫折的一个重要原因就是目标定得过高，自身的能力与实现目标所需具备的能力之间存在较大的差距。由于实现目标受主客观方面条件的制约，因此，大学生日常生活中为自己设定的目标并不能全部实现。当目标设定合理时，大学生通过自身努力是可以实现的；当目标设定脱离实际时，就需要对目标及时做出调整。大学生在经历了因目标太高而难以实现的挫折时，他们会结合自身情况将目标降低，或者将原有目标进行合理分解，划分成阶段性目标和长期性目标，又或者将大目标拆分成几个容易完成的小目标。如有些英语专业的学生想参加全国性的英语演讲比赛，经过两次报名海选后，均以失败告终，那么可以调整目标，先参加校级、市级等的比赛，通过这种“退而求其次”的做法，逐步实现自己的目标。

3. 升华行为

20 世纪 50 年代，美国心理学家阿姆塞尔的“挫折—奋进理论”指出，人在遭遇挫折后可能会出现努力奋进的行为。大学生在经历挫折后，反而出现积极的应对行为，即行为升华。大学生在遭遇挫折后，需要借助一定的方式将挫折带来的焦虑、气愤等不良情绪发泄出来，但有些本能的冲动和情感可能存在着与社会法律、道德、人伦相违背的因素，必须借助别的方式表现出来，以净化本能的冲动和情绪。如一名被他人情感伤害的大学生，通过转移注意力，化悲愤为力量，积极参加班级和校园活动，以努力学习获得奖学金的方式来淡化自己受到的伤害。

（二）消极方面的影响

1. 心理失调

大学生在经历挫折之后会产生一些不良的心理体验，如愤怒、焦虑、恐惧和抑郁等情绪反应。愤怒是保护我们不被他人欺凌、增加自身的力量，但不受控制的愤怒，会导致报复和攻击行为的发生。过度的焦虑和恐惧可能会发展成心理疾病，而轻度的焦虑和恐惧也会导致大学生自我评价较低、自信心下降。

2. 生理疾病

承受能力较差的大学生在经历较大的挫折打击后，心理的紧张状态会导致身体出现一些生理反应，比如过度的愤怒可能会导致肠胃不适、血压升高、心律不齐等。

3. 行为反应

挫折使人产生的压力感和紧张感会外化为人的行为表现，这些挫折引发的行为表现称为挫折的行为反应。当大学生的挫折超过其身心承受能力时，会将其带入应激状态中，导致大学生的行为出现异常，常见的应激行为反应有退缩、攻击、冷漠、逆反等。如多次竞选学生干部失利、情感受挫等，部分学生会退却、逃避现实。

四、挫折的心理防御机制

心理防御是一种无意识的过程，是个体用来回避、否认或者消除引起焦虑和痛苦因素的心理技巧。心理防御机制会在表面上减轻个体的焦虑与痛苦，以达到心理上的自我感觉良好，常见的心理防御机制主要有否认、压抑、反向、退行、投射、合理化、补偿、升华等。补偿和升华两种心理防御机制具有积极作用，能够帮助个体寻找到恰当的解决方式。除了补偿和升华外，其他的心理防御机制都或多或少带有消极色彩，如果过多使用，自身的适应能力就会下降。常见的防御机制见表 11-1。

表11-1　常见的防御机制

防御机制	含义	例子	性质
否认	主观拒绝接受引起焦虑的信息	我不相信我的爷爷得了癌症，一定是搞错了	消极的
压抑	将引起痛苦的经验和冲动从意识中压抑到潜意识中	把过去失败的经验和不想面对的痛苦压抑在心底，让自己忘记这些不愉快	

续表

防御机制	含义	例子	性质
反向	个体通过表现出相反的行为来抑制自己具有危险性的冲动和情绪	明明喜欢一个人，但是害怕自己知道“我喜欢他”，于是就采取攻击他的方式	消极的
退行	遭遇挫折后，表现出与年龄不符合的、像孩子一样幼稚的行为	第二个孩子的出生使得第一个孩子出现撒娇、尿床等行为	
投射	把自己的性格、态度、欲望等投射到别人身上，通过放大别人的问题来转移注意力	因为某人多看了自己一眼，就觉得别人看不起自己	
合理化	为自己的行为编造合理但不真实的借口	酸葡萄心理，即吃不到葡萄就说葡萄是酸的	
补偿	通过其他方面的努力来弥补自身某些方面存在的先天不足	相貌不出众的女生，通过在学术上的成就，赢得别人的尊重	积极的
升华	通过可以接受的方式，把自身受阻的欲望表达出来	具有攻击性的人可以去做拳击手	

心理小贴士

习得性无助

习得性无助是指一个人经历了失败和挫折后，面对问题时产生的无能为力的心理状态和行为。如果一个人觉察到自己的行为不可能达到特定的目标，或者没有成功的可能性时，就会产生一种无能为力或自暴自弃的心理状态，具体表现为认知缺失、动机水平下降、情绪不适应等心理现象。当然，人有主观能动性，能够对客观环境和主体因素进行分析，对自己行为失败的结果进行归因。当一个人将不可控制的消极事件或失败结果归因于自身的智力、能力的时候，一种弥散性的、无助的和抑郁的状态就会出现，自我评价就会降低，动机也会减弱到最低水平，无助感由此产生。

习得性无助是美国心理学家马丁·塞利格曼于1967年研究动物时提出来的。他用狗做了一个经典的实验：起初把狗关在笼子里，只要蜂音器一响，就给以难受的电击，狗因关在笼子里而逃避不了电击；多次实验后，把笼门打开，蜂音器一响，再给电击前，此时，狗不但不逃，反而不等电击出现就先倒在地上开始呻吟和颤抖。本来可以主动逃离，现在却绝望地等待痛苦的来临，这就是习得性无助。

1975年，马丁·塞利格曼用人当被试对象，结果也产生了习得性无助。实验是在大学生身上进行的，他们把学生分成三组：让第一组学生听一种噪声，这组学生无论如何也不能使噪声停止，第二组学生也听这种噪声，不过他们通过努力可以使噪声停止，第三组是对照组，不给被试对象听噪声。当被试对象在各自条件下进行一段实验后，即令被试对象进行另外一种实验，实验装置是一只“手指穿梭箱”，当被试对象把手指放在穿梭箱的一侧时，就会听到一种强烈的噪声，放在另一侧时，就听不到这种噪声。实验结果表明，在原来实验中，能够通过努力使噪声停止的被试对象以及未听噪声的对照组被试对象，他们在“手指穿梭箱”实验中，学会了把手指移到箱子的另一边，使噪声停止，而第二组被试对象，也就是说原来实验中无论怎样努力，都不能使噪声停止的被试对象，他们的手指仍然停留在原处，任凭刺耳的噪声响下去，却不把手指移到箱子的另一边。

在现实生活中，那些长期经历失败的儿童、久病缠身的患者、无依无靠的老人，他们身上常常会出现习得性无助的特征：当一个人发现无论他如何努力、无论干什么，都以失败而告终时，他就会觉得自己控制不了整个局面，于是他的精神支柱就会瓦解，斗志也会随之丧失。

第二节 大学生常见的挫折

活动体验

回忆以往的生活，你遇到的令你印象最深刻的挫折是什么？

你的挫折经历：______

面对这个挫折，你的感受是：______

你觉得这个挫折产生的原因可能是：______

你如何应对这个挫折：______

大学生常见的挫折有着自身的特殊性，与他们所处的人生阶段密切相关。大学生生活的环境相对单一且稳定，这也导致大学生常见的挫折具有类型化和稳定性的特征。

一、学业方面

随着社会大环境的变化，竞争也越来越激烈，大学生为不断适应社会的需要，应不断地提高对自身的要求。大学阶段的学习方式与高中时期的学习方式有着本质区别，高中的学习是一种全身心投入的模式，除了学习，其余事情都由家长代为打理，应试教育特征比较突出；步入大学后的学习对学生的自觉性、积极性、主动性要求更高，且大学课程难度大、内容繁多、更新速度快，与之前的学习相比，有较大的差异，这些变化，并不是所有大学生都能很好地应对，尤其是大一新生表现得更为明显。此外，大学生因为好胜心的驱使、勇于挑战的心理，对奖学金、荣誉称号有所追求，所以在强手众多的大学校园中产生了危机感和压力感。如果不能及时适应大学开放、自主的学习节奏，无法结合自身实际制定合理的学习目标和详细的学习规划，那么大学生在面对学习考试时就会有较大的学业压力。

二、人际方面

步入大学之后，身边的人和物都发生了巨大的变化，身边不再是以前熟悉的人，过去的老师、同学、朋友都不在身边，难免会产生落寞感。这个时期的大学生有着强烈的人际交往需求。随着交往面的不断扩大，大学生开始建立起新的人际关系，如同学友谊、师生情谊等。大学阶段的各种关系与中学时代的人际关系相比更为复杂，各种人际关系中掺杂着利益因素、竞争关系，有些学生因处理不好这些问题而感到苦恼。有些学生在与他人交往时不懂得换位思考，缺乏必要的沟通协调能力，常常因为一些小事与他人产生冲突。还有些学生因为性格孤僻、冷漠，拒绝与他人沟通和交流，对外界抱有敌意，集体生活中很难做到与他人融洽相处。

三、恋爱方面

大学生活自由、开放，学生会活动、社团活动等，为大学生的恋爱行为创造了一定的条件。很多大学生因人生经历比较欠缺，处理情感问题时不够成熟，因而出现情感受挫引发的心理困扰。恋爱在带给大学生无限遐想和浪漫的同时也带来了很多烦恼和忧虑，有些学生错把友情当爱情，分不清两者的界限，产生了失落的情感；有些学生因为苦苦追求他人而不得，在痛苦边缘挣扎，影响日常学习和生活；有些学生沉溺在网恋中无法自拔，由此产生难过、悲伤的复杂情感；有些学生看到周边人都有了男女朋友，为了满足自己的虚荣心也盲目开始恋爱。这些不成熟的恋爱观很容易给人带来挫折体验。

四、经济方面

大学生的学费和生活费是家庭生活中一笔不小的开支，尤其是来自偏远地区或者家庭贫困的学生，从他们步入大学的那一刻起，经济压力就一直是他们的心理包袱。目前，高校针对家庭贫困的学生都建有相应的绿色通道，并设置详细的助、贷、勤、免、补、奖体系，帮助其顺利完成学业。但仍然有学生因家庭贫困而产生自卑心理，不能够专心学习和生活。有些学生刚入学时家庭条件比较优越，但后来发生了一些变故导致家庭贫困，有这种经历的学生心理负担更加沉重。他们在心理上无法接受家庭贫困的事实，每日承担着沉重的心理负担和经济压力，苦不堪言。

五、发展方面

随着社会竞争越来越大，大学生通过各种渠道也能感受到就业压力。在寻找就业机会的过程中，有些学生的挫折来自对自身定位不够清晰。他们认为，自己选择的是近几年来就业形势比较好的专业，在找工作的过程中就会存在眼高手低、挑三拣四的现象，形成过于乐观的心态，这就产生了理想与现实之间的落差，最终导致在求职过程中处处碰壁。有些学生则相反，由于自卑心理的作用，认为自己不够优秀，在就业过程中一直处于相对被动的状态，无法将自身实力和优势充分发挥出来，觉得只要能够找到工作就心满意足了，以至于与心仪的工作失之交臂。另外，各地就业政策存在差异、部分行业存在性别优势等，这些让大学生经受就业挫折，从而产生悲观、失望的心理。

第三节 大学生挫折应对策略

生活不会一帆风顺，只有经历过挫折的人生，才是精彩和完整的。大学生在经历了一次次的挫折后，会成长为一个成熟的人，不再是温室中的花朵，经不起风雨的考验。不同的人面对挫折会有不同的应对措施，带来的结果也不同。大学生应学会正视挫折，不断提高自身的抗挫折能力，这样在面对挫折时就能够疏解不良情绪。

一、正确认识挫折

作为一名大学生，要明白挫折是无处不在的，要认识到挫折是具有客观性的，不会随着人的主观判断而改变。大学生正确认识挫折是能够引导其战胜挫折的前提条件，要坦然面对挫折、不惧怕挫折、能合理分析挫折产生的原因，只有这样才能战胜生活中的挫折。

（一）正确认识挫折，要明白挫折是普遍存在的

挫折不单是大学阶段才有的。作为一名思想独立、生活独立的大学生，要知道挫折是每个人都要面对的事情。只有明白了这一点，大学生才能够在面对挫折时用较为冷静的态度认真分析挫折产生的原因，努力战胜挫折，也只有这样才能更好地消化挫折带来的负面情绪，而不是一味地抱怨和后悔。

（二）正确认识挫折，要明白挫折是具有两面性的

任何事物都具有两面性，有积极的一面，也有消极的一面。挫折对人的影响同样是一把双刃剑。挫折可能会降低个体实现目标的欲望，也可能打击个体的自信心，更

甚者会影响到个体的心理健康；但是，挫折在某种程度上也可以增强个体的抗压能力，帮助个体更好地管理情绪。大学生应该提高对挫折的认知能力。就像法国作家大仲马说的那样："开发人类智慧的矿藏需要由患难来促成。"任何事物都具有两面性，大学生只有看到挫折的两面性特征，才能有勇气去面对和正视挫折。

（三）正确认识挫折，要看到挫折是可以克服和战胜的

生活中的挫折是多种多样的，虽然这些挫折发生的时间我们无法预测，但是我们可以克服它。当挫折发生时，我们不能用躲避的心理对待它，而是要积极面对，要善于总结经验，并且多借鉴他人的经验，在挫折中学习，促使自己进步，要迎难而上，战胜挫折。

二、学会善待自己

当我们善待别人的时候，他们往往会呈现出最好的一面，同样的，当我们善待自己的时候，也会呈现出好的一面。大学生需要培养自我关怀的能力。自我关怀是指当个体处在困难、挫折、痛苦、失望等情境中时，对自己消极的状态能够保持开放和友善的态度，能够安抚和关心自己。美国心理学家克里斯廷·内夫提出了几个小练习，来帮助我们获得自我关怀的力量。第一，改变内心自我谴责的想法。当你发现自己陷入过度的自我批评时，花几分钟时间记录下自我谴责的想法，然后像平时安慰朋友一样充满关怀地回应自己，用亲切、友好、积极的方式安慰自己。第二，给自己写一封充满关怀的信。想象有一个无条件支持自己的朋友，在自己陷入负性情绪时，以朋友的视角给自己写一封理解、鼓励、充满关爱的信，反复阅读，感受信中的关爱与接纳。第三，坚持写感恩日记。每天记录下幸福、美好的时刻，哪怕是看起来非常普通却能给你带来快乐的小事。当你心怀感恩地去记录让自己开心的事情时，你就会发现即使在平凡的生活中也充满了无尽的欢乐。

三、合理宣泄不良情绪

大学生处在挫折情境中时，心理上的状态会通过情绪反映出来，如果能够将因挫折而产生的不良情绪及时发泄出来，个体就能获得一定的心理平衡，从而保持一种比较理智的状态。因此，大学生要学会合理宣泄自己的不良情绪，减轻自身因挫折带来的情绪困扰，消除心理上的痛苦。

（一）通过积极的自我暗示来缓解不良情绪

心理暗示是指个人通过语言、想象等方式，对自身施加影响的过程，这一概念的提出者法国医师埃米尔·库埃的名言就是，"我每天在各方面都变得越来越好"，这种积极的自我暗示，在不知不觉中会对个体的心理、生理产生积极的影响，帮助个体缓解不良情绪，恢复自信心，进而唤醒内心深处的主观能动性。心理学上常说的"皮格马

利翁效应”即期望效应，本质上就是一种积极的自我暗示。因此，在遭遇挫折时，大学生可以通过诸如“我会努力完成任务”“我下次可以做得更好”“我会更加仔细和小心的”等积极的自我暗示来缓解内心的不良情绪。

（二）通过转移注意力的方式来消除不良情绪

转移注意力是指个体将自身的注意力从某种引起不良情绪的刺激情境中转移到别的事务或者活动上的方法。大学生在不良情绪产生时，要学会把注意力转移到自己喜欢的事物或者活动上去，如画画、唱歌、听音乐，也可以通过散步、跑步、聊天等方式转移注意力，从而消除不良情绪。转移注意力一方面可以缓解不良情绪，另一方面通过参与新活动，可以增进自身的积极情绪体验。

四、积极应对不良情绪

挫折产生的不良情绪有时会导致大学生做出错误的行为，为了更好地应对挫折，大学生应该采取积极的应对方式。如果一时没有有效的应对办法，那么可以对挫折进行“冷处理”，即采用顺其自然的态度去应对因挫折而产生的不良情绪；如果不能很好地处理就暂时接受它，不排斥与抗拒，但这不意味着我们消极地放任不良情绪，而是做自己能够做的事情，以积极的方式应对。

（一）将大目标分解成小目标

在处理因目标过大而无法实现导致的挫折时，我们可以告诉自己：“欲速则不达”，放慢心态，将大目标分解成一个个便于实现的小目标，最终抵达成功的彼岸。

（二）维持好生活与学习两者的平衡

大学生活是多姿多彩的，需要处理的事情也是多方面的，如果你的注意力被某事占据过多，心理压力也会剧增。从长远来看，某些时刻你觉得是在浪费时间，但是它可能在你的人生中发挥着重要的作用，我们应该重视生命的质量，因此，大学时期学会平衡好生活与学习的关系，显得尤为重要。

（三）记录自己应对挫折时的感受

有些挫折具有隐私性，如果不方便与他人分享，寻求支持，那么可以尝试将自己的不良情绪和感受记录下来，以便更清晰地认识自己，善于将自己感受记录下来的人往往更能从容面对挫折。

五、善用社会支持

社会支持是多种多样的，它可以是来自朋友的，也可以是来自家人的。只要是关心你、爱护你，平日里与你保持往来的人都可以成为你的支持。他们给予的支持可以是物质层面的，也可以是精神层面的，只要在你需要帮助时能够给你提供帮助的人，都能成为你社会支持网络中的一部分。一般人际关系较好的大学生，在面对挫折时会比人际关系薄弱的大学生有着更强的抗挫折能力。良好的人际关系可以让个体更加地开朗、快乐，这样在面对挫折时，他人的支持就会成为你应对挫折的缓冲垫。大学生常用的社会支持主要来自家庭与学校。

虽然大学生除了寒暑假在家，其余时间一直在过集体生活，但是家庭的支持伴随大学生活的始终。家庭提供的物质生活保障能满足大学生日常生活需要。除了物质生活保障外，在遭遇挫折时，家人会给予一些精神上的支持，比如让我们感受到爱、关心、尊重，家庭中的任何一员都可以给予大学生多种形式的社会支持。所以，家庭永远是你的避风港。

校园生活面临学业、恋爱、人际交往等多方面的挫折，而大学生日常接触最多的就是自己的同学和老师，一旦遇到比较紧急的事情需要处理时，同学、老师就会成为重要的社会支持力量。所以，在大学生活中，不要封锁自己，要坚信在我们面对挫折需要援助时，同学、老师会给我们提供一些帮助。谨记：要学会利用自己的社会支持系统，不要将自己与他人割裂开来。

自我探索

自我关怀练习

回想当下或是过去你被别人关怀的时刻，任何一件让你感到被关怀的事都可以，如被看见、被感谢、被喜欢、被爱的事，并把它写在下面的横线上。

回想一个或几个曾经让你关心过的人，如一个受伤的孩子、一个失恋的朋友、一个生病的同学等，感受他们的情绪，体会你内心那颗充满热忱的关怀之心。

拓展阅读

1.《复原力：应对挫折和压力的心理学》（作者：史蒂芬妮·阿兹里）

比学历和智力更重要的是复原力

复原力是一个人应对外界挫折和变化的能力，它能够帮助我们在逆境中稳步前进，不至于一蹶不振，陷入抱怨和逃避的消极状态。即使在成长过程中我们没有发展出良好的复原力，或是人生正在因为糟糕的事件而脱离轨道，也能够慢慢培养出复原力，让自己变得更成熟、更强大。作者结合认知行为疗法、正念和积极心理学，通过 12 种实践有效的提升心理复原力的方法，帮助你建立稳固和谐的内在，提升外在的灵活性和坚韧性，从而积极勇敢地面对人生。

2.**《压力管理策略：健康和幸福之道》**（作者：布莱恩·卢克·西沃德）

有效管理压力，促进身心和谐统一

从小到大，压力都始终伴随着我们，它既是推动人生不断向前的动力，也可能会压垮我们的身体或精神。而在这个喧嚣的数字化时代，文化革新、新型病毒来侵、无处不在的网络与社交媒体……纷纷赋予了压力新的外延。充分认识这些无法逃避的压力对每个人身心和生活的影响，学会有效管理压力、将压力转化为前进的动力，是追求健康和幸福生活的必备技能，也是贯穿我们一生的必修课。

材料12-1
心理漫画第十二话

第十二章 大学生异常心理

案例 12-1

入学一年后，小雨逐渐与室友疏远，常常独来独往，遇到开心的事无人分享，遇到难过的事无人倾诉。她越来越感觉自己是一个不被人喜欢的人，常常否定自己，认为自己一无是处，世界上根本就没有真正关心她、爱她的人。到大二上学期，她开始出现入睡困难，整夜睡不着，睁着眼睛等天亮，饭也吃不下，短短一个月就瘦了 10 斤，看上去精神萎靡。小雨情绪低落，感觉生活没有意思，每天都觉得非常累，不想上课，即使坐在教室里，心思也无法集中，学习成绩不断下滑，越是学不进去，就越不想学。每天不知道日子该怎么过，浑浑噩噩，度日如年，内心感到极度痛苦。

案例思考

1. 你认为小雨的心理出现了什么问题？
2. 如果你出现类似的心理问题，你会如何进行调适？

第一节 异常心理概述

一、异常心理的含义

在大学生活中，你可能会遇到一些同学，他们身体健康，但是在一些行为上却与大多数人不同，比如有的同学几乎每天晚上都失眠，哪怕喝牛奶、泡脚、运动、数羊等方法都用上了，也难以入睡，即使睡着了也容易惊醒，每天都精神不振；有的同学则会因为一些控制不住的想法或行为而感到痛苦，如在图书馆看书的时候，发现地上有一团纸，他就会纠结要不要去捡起来，这样纠结的想法可以持续一个上午，让他无法专心学习；有的同学会坚定地认为有个异性同学在追求他，即使那个异性同学坚决否认，他仍固执己见。你可能会猜测，这些同学的心理是否出现了异常？

关于异常心理的含义，至今仍然没有统一的结论。戴伦·巴洛和马克·杜兰德指出，异常心理是指在所处的社会环境中，个体无法预料到的，与个人痛苦的感受或严重社会功能损伤有关的心理机能障碍，即认知、情绪或行为机能紊乱，表现为内心痛苦、社会功能受损、行为异常或违反社会规范。比如，在案例12–1中，小雨内心极度痛苦，不想与人交流，逐渐变得自闭，整天宅在寝室，学习的时候注意力无法集中，导致学习成绩下滑，吃饭没有胃口，失眠严重，这些现象提示小雨可能存在异常的心理状态。

二、异常心理的判断标准

判断一个人的心理状态是正常还是异常，需要有一定的科学依据。通常判断一个人是否心理异常的标准主要有三个：生理学标准、心理学标准和社会学标准。

（一）生理学标准

生理学标准将异常心理当作躯体疾病一样看待。如果一个人身上表现的某种心理现象或行为可以找到病理解剖或病理生理变化的依据，则认为此人有精神方面的疾病。有些生理受损会直接导致心理疾病，如脑部肿瘤、脑萎缩、脑外伤等。

（二）心理学标准

1. 主观世界与客观世界的统一性原则

个体在心理上的主观体验与外在的客观环境需要保持一致，只有这样才能维持正常的心理状态，因为心理是客观现实的反映。如果个体的主观心理体验与现实的客观环境不一致，如有人感到自己的身体被植入了芯片，别人通过芯片监视他的一举一动，而实际上并没有这种事情发生，这说明他的主观世界与客观世界不统一，心理可能出现异常了。

2. 心理活动的内在协调性原则

个体的心理活动包括认知、情绪情感和意志行为，三者之间的协调一致保证了个体反映客观世界过程中的准确性与有效性。比如，乐乐对自己喜欢的男孩子表白后，成功收获了甜蜜的爱情，她感到无比兴奋和喜悦；倩倩在得知自己期末考试挂了三门之后，内心感到非常痛苦，后悔自己没有再努力一些。乐乐和倩倩对客观环境的认知、情绪情感和意志行为是协调一致的。假如，乐乐在表白成功后，反而非常失落、痛苦，倩倩在得知自己挂科后，表现得异常兴奋和愉悦，那么则说明他们的知、情、意三者并不协调。

3. 人格相对稳定性原则

人格是个体内部的心理特质和机制的集合，具有完整性、稳定性等特征。在没有发生重大事件的情况下，一般不会轻易改变，而如果某个人的人格突然发生较大变化，我们就要怀疑他心理异常了。例如：小E平时是一个性格内向，不善言谈，生活上非常节俭的人，突然有一天，她开始找全班同学聊天，并夸夸其谈，花钱也变得大手大脚，而现实中并没有发生令其发生改变的原因，这个时候就需要考虑她的心理是否存在异常。

（三）社会学标准

异常心理的社会学标准主要根据个体的行为是否符合社会规范、是否能够根据社会要求和道德规范行事进行判断。当一个人的行为符合社会常模，是适应性行为的时候，则认为其心理没有存在异常；相反，如果一个人不能按照社会认可的方式行事，社会功能受损，对其生活、工作和学习等造成困扰的时候，则认为其心理可能存在异常。

判断一个人的心理是否异常，需要结合生理、心理、社会三个方面的因素做出综合判断。需要注意的是，我们可以根据以上的原则对某个人的心理状态进行初步的评估，但是要判定他的心理是否真的出现异常，还需要由专业医生做出诊断，切记不能仅仅依据某些症状表现，就直接下结论、贴标签。

第二节 大学生常见的异常心理

习近平总书记在党的二十大报告中明确提出，要“把保障人民健康放在优先发展的战略位置，完善人民健康促进政策”“重视心理健康和精神卫生”[①]。心理健康和精神

① 习近平.高举中国特色社会主义伟大旗帜　为全面建设社会主义现代化国家而团结奋斗——在中国共产党第二十次全国代表大会上的报告[M]. 北京：人民出版社，2022：48-49.

卫生是重大的民生问题和突出的社会问题。随着我国经济的快速发展，生活节奏明显加快，心理应激因素日益增加，焦虑症、抑郁症等常见的精神障碍及心理行为问题逐年增多，心理应激事件受到社会各界广泛关注。

对大学生群体来说，常见的异常心理主要有以下几种。

一、抑郁障碍

案例 12-2

雯雯，大三，女生，近一个月来对什么事都提不起兴趣，不想上课，不想和同学说话，手机也不想刷。虽然每天很早就躺在床上了，但是直到凌晨两三点才能睡着，早晨五六点就醒了，失眠让她整个人都无精打采的。另外，她感觉自己思维变得不灵活了，很难集中注意力，没法跟上老师上课的节奏，平时作业也无力完成。每天都感到生活很绝望，莫名地想哭，情绪非常低落，整个人都很沮丧，不想活的念头时不时地会冒出来。

根据案例 2–2 中的描述，你知道雯雯当前的心理状态是怎样的吗？在你的生活中，是否也遇到过与雯雯类似的情况呢？兴趣下降、失眠、思维迟缓、意志减退、情绪低落等表现都是抑郁障碍的信号。

抑郁障碍主要以悲哀、空虚、易激惹的心境，同时伴有身体和思维认知上的改变，并且显著影响到个体的功能为主要特征，包括重性抑郁障碍、持续性抑郁障碍、经前期烦躁障碍和破坏性心境失调障碍。

抑郁障碍的临床表现：①情绪低落；②感到绝望、无价值感或内疚；③对事物失去兴趣；④很难集中注意力；⑤预期最坏的事情出现，甚至会出现自杀的想法；⑥这样的状态可能持续数周、数月，甚至数年。

对抑郁障碍的治疗可以包括药物治疗、心理治疗或两种疗法兼具。已经有研究证明，两种治疗的联合比单独一种更有效果。

心理小贴士

常见的负性自动思维与识别

1.负性自动思维

当面对一件不确定的事情时，很多人往往会下意识地往坏处想，明明情况没有那么糟糕。抑郁障碍患者更容易出现这种负性自动思维。自动思维是指无意识的、不带意图目的、自然而然产生的思维、想法和观念。这些想法常常是自动出现的，不用努力就能想到。当自动思维的内容都是消极的、负面的时候，便是负性自动思维。以下是常见的几种负性自动思维。

（1）两极化：也就是“非黑即白、非此即彼”的极端思维。持有这种思维方式的人会认为，一件事情要么全然成功，要么完全失败，一个人要么是好人，要么就是坏人，没有中间地带。如某个学生认为自己只有考第一名才是成功，否则就是失败的。

（2）灾难化/糟糕至极：把一件事的负面结果进行放大，使之变得很可怕。如某学生认为自己考不上大学，这辈子就全都毁了。

（3）贴标签：给自己或他人贴上一个放大的负面标签，而不考虑那些更合理的、正面或中立面的，用充满负性情绪、容易激发自己负性感受的词语来描述。如“我是个失败者”“他不是个好人”。

（4）情绪推理：相信个人的感觉或直觉是对的、合理的，或者就是事实，而往往忽略或低估了相反的证据。如我觉得别人都讨厌我，我预感自己肯定做不好等。

（5）低估或贬低正向信息：对自己经历过的积极事件、行为或品质进行贬低或否定。如我这次当选班长，并不能说明我能力强、人缘好，只是运气好罢了。

（6）放大/弱化：放大负面的、消极面的重要性，弱化正面的、积极面的重要性。如这次英语考了 70 分，说明我的学习能力不够；这次演讲比赛得了第一，并不能说明我有多厉害，真正厉害的人每次演讲比赛都应该得第一。

（7）过度概括：把当前的某种不利看作常态，或者在没有有利证据的情况下过早得出负性结论。如有些同学认为这件事都做不好，那还能做成什么事呢。

2. 负性自动思维的识别

美国精神病学家阿伦·贝克认为，可以通过一些问题的澄清来识别和消除负性自动思维。比如当你产生负性自动思维时，可以通过一个“思维自检表”来识别和消除负性自动思维（见表 12-1）。

表12-1　思维自检表

1.情境是什么？如：乐乐跟我说她非常生我的气
2.我在想什么？或脑海里出现了什么画面？如：乐乐再也不会理我了
3.什么让我相信我的想法是正确的？如：乐乐那天真的非常生气
4.什么让我觉得这个想法是不正确的或者不完全正确的？如：她以前也这样说过，但后来我们还是和好了
5.能不能换一种方式来看待这件事？如：她就是现在非常生气，但不会一直持续
6.最糟糕的情况会发生什么？如果发生了我能做什么？如：我们的友谊就此结束了，我可以再去找别的朋友

续表

7.最好的情况会发生什么？如：她气消了之后，我们可以平静沟通，然后重归于好
8.最有可能发生什么？如：等她情绪平复之后，我会给她打电话
9.如果我一直告诉自己我的负性自动思维会发生什么？如：我会一直很不安
10.如果我换一个想法，会发生什么？如：我会感觉好一些，也许我会早一点给她打电话
11.如果这件事发生在我一个朋友（想象一个特别要好的朋友）身上，我会对她说什么？如：别担心，过几天她的气就消了，那个时候再跟她沟通一下

二、双相及相关障碍

案例 12-3

小明，男，大二。最近两周，小明与往常的表现非常不同，他开始变得非常忙碌，每天只睡三个小时，却感觉不到疲倦，常常跟室友谈论自己的未来规划，说自己正在准备创业，且以自己的能力与智商，在短时间内就能成功，并且为了这个创业目标，他写了很多创业计划，逢人就大讲特讲。但是一个月后，小明又像是霜打了的茄子，萎靡不振，对什么事都提不起兴趣，话也没之前那么多了，情绪低落，自责自卑。

在案例 12-3 中，与日常生活中心境的正常起落不同，小明有着极端和强烈的心境，一开始兴奋、话多、睡眠少等现象意味着他可能存在躁狂的症状，而之后的情绪低落、自责自卑、兴趣下降等现象意味着他可能存在抑郁的症状，这正是双相障碍的临床特点。

双相及相关障碍的临床特点是反复（至少两次）出现心境和活动水平的明显改变，有时表现为心境高涨、精力充沛和活动增加，有时表现为心境低落、精力减退和活动减少。多数患者既有躁狂发作，又有抑郁发作，少数患者仅出现躁狂发作。抑郁或躁狂可以是交替出现的、循环的，或者是混合存在的，对患者的生活或社会功能产生不良的影响。

双相及相关障碍的类别包括三种不同的类型：双相Ⅰ型障碍，双相Ⅱ型障碍和环性心境障碍。他们的许多症状都是相同的，但是在严重程度和强度上存在差异，因此治疗方法也是不同的。药物治疗、心理治疗以及健康的生活习惯相结合的治疗方法是比较好的。

三、焦虑障碍

案例 12-4

丽丽，女，大一。对于即将到来的体能测试，她感到非常的紧张，即使平时练习的成绩都能够达标，但是她仍然很担心，整日忧心忡忡，常常感到胸闷心慌，饭吃不下，睡觉不香，还经常做噩梦，学习时注意力也无法集中。无论朋友怎么安抚和劝慰，她都没法放松下来。

当人们面临重要的、挑战性强的事情时，会体验到焦虑、害怕甚至恐惧的情绪。适度的焦虑可以提高个体的内在动机，促使个体提前准备，提高完成任务的水平，但是过度的焦虑则会让情况变得糟糕。在案例 12–4 中，丽丽因为面临体能测试而感到焦虑，即使她平时练习的成绩还不错，但她仍然陷入了过度焦虑中，这样的焦虑已经影响到了她的正常生活。

与正常的担心、不安、特定而短暂的害怕等感受不同，焦虑障碍包括那些有过度害怕和焦虑，以及有相关行为紊乱特征的障碍。焦虑障碍表现为过度的害怕和担心，损害了他们的社会功能，超过了年龄或环境场所的正常范围。焦虑障碍的症状通常持续 6 个月或更长时间。所有的焦虑障碍都存在过度恐惧和焦虑的症状，尽管真正的威胁或危险并不像个体所期待的那么严重，甚至可能并不存在危险，但是感受到的症状仍可能很强烈。常见的焦虑障碍主要有惊恐障碍、场所恐怖症、广泛性焦虑障碍、特定恐怖症、社交焦虑障碍以及分离焦虑障碍。

大部分焦虑障碍的治疗效果良好。焦虑障碍的治疗主要包括药物治疗和心理治疗。认知行为疗法是治疗焦虑障碍最常见的方法，主要包括改变不健康的思维和行为模式，制订行动计划，帮助舒缓担心害怕的情绪，改善个体的思维习惯。

四、精神分裂症

案例 12-5

小贝，男，大三，最近总让人感觉怪怪的。有一天，他神情紧张地对室友说自己被外星人盯上了，外星人在他的手臂内植入了一块芯片，并通过某种技术监视他的一举一动，让他必须听从命令，帮助外星人攻打地球。还有一次，他在寝室突然跪下，对着自己的桌子磕头跪拜，并且自言自语地说一些不着边际的话。上周，他突然把寝室楼下的电子显示屏砸坏了，他说那个显示屏里正在有人对他破口大骂，让他感到非常生气。

在案例 12–5 中，小贝的言行举止是不是让你感觉非常奇怪呢？他所体验到的主观世界和我们所知的主观世界是不一致的，他的主观认知出现了异常，产生了幻觉、妄想的症状。

精神分裂症是最常见的精神病性障碍。主要表现为三种类型的症状：①阳性症状：以幻觉、妄想为主，无智力障碍。②阴性症状：以情感淡漠、主动性缺乏和回避社交等为主，有时存在智力障碍。③认知症状：以注意力、执行力、解决问题能力和短期记忆能力缺失或减弱为主，存在智力障碍。

精神分裂症是一种复发率高、致残率高的慢性迁延性疾病，多起病于青壮年。抗精神病药物治疗是治疗精神分裂症的首选治疗措施。健康教育、心理社会干预等措施也可以作为辅助治疗。

五、进食障碍

案例 12-6

小苏，女，大一。小苏是一个非常在意自己身材的女孩，但同时她又非常喜欢吃零食，有时候控制不住吃了零食，就会感到内疚、自责。为了不让自己发胖，她会用手指抠喉咙的方法，将吃下去的食物吐出来。类似的行为从高中就开始了。进入大学后，这样的暴食行为越来越频繁。每当心情不好的时候，她都会冲到超市，买一堆面包、炸鸡、蛋糕等高热量的食物，然后一次性吃完，只有吃到撑的时候，她才会停下来。然后，她把自己关在厕所里，把吃下去的东西吐出来。虽然她每次都极力克制自己想吃的欲望，但几乎都没有用。

在案例 12–6 中，小苏暴食不是因为饥饿，而是产生了不可抗拒的摄食欲望和行为。这种暴食行为是典型的神经性贪食的表现，是进食障碍的一种。

进食障碍是指以进食行为异常、对食物及体重和体型的过分关注为主要临床特征的一组疾病。主要的表现是紊乱的饮食行为和不宜的体重控制行为。进食障碍一般有神经性厌食和神经性贪食两种表现形式。

神经性厌食的主要表现是严重限制热量的摄入或者自我饥饿引起的急剧体重下降。患有神经性厌食症的人虽然体重已经减轻很多，但是他们往往会否认这一事实，对自己的体型认知产生了偏差。其他人认为他们已经骨瘦如柴了，而他们仍然认为自己很胖。神经性厌食会引起营养不良、月经不规律、心脑血管并发症等问题，严重影响身心健康。

神经性贪食的主要表现是暴饮暴食反复发作，会采用自我催吐或使用泻药、利尿剂、灌肠剂以及快速大量的运动等代偿性行为。神经性贪食的患者也会过度关注自己的体型，过度恐惧体重的增加，过度强调自我意象的体型和体重。神经性贪食会对个体的胃部、口腔、肠道、心脏等产生损害，严重的可能会导致肌无力、心律不齐甚至猝死。

大部分进食障碍案例发生在年轻女性身上，一般发生于青少年时期或成年早期。随着社会压力的增大，进食障碍的发生率也会增加。

进食障碍的治疗方法主要包括住院治疗、药物治疗、心理动力学治疗、认知行为疗法以及人际关系治疗等。

六、强迫及相关障碍

案例 12-7

小周，男，大一。小周对整洁有序非常在意。在寝室里，他书桌上的书都被排列得非常整齐，被褥也都非常干净，他每天会用酒精擦手机、擦桌子，至少要擦二十几遍。如果有同学动了他的衣服或者床铺，他会立即将衣服、床单、被罩全部洗掉。只要别人碰过他的东西，他都要全部清洗。他的室友都觉得他对卫生过分在意。他也觉得自己的行为有些过头。但是如果不去清洗，或者书没有摆放整齐，他心里就会感到非常烦躁和不安，而且这些行为耗费了他大量的时间和精力，严重影响了他的生活和学习，为此他感到非常痛苦。

在案例 12–7 中，小周一方面过度地维持干净和整洁，一方面又为这个行为感到痛苦，他出现了强迫障碍的症状。

强迫及相关障碍是一组临床上常见的慢性心理疾病，且常常占用大量时间，比如一天持续超过一小时，或者对一个人的正常作息、工作或社会功能造成严重的干扰。强迫及相关障碍主要包括强迫症、躯体变形障碍、囤积障碍、拔毛癖和皮肤搔抓障碍。强迫症的主要特征是反复出现强迫观念和强迫行为。强迫观念是指反复出现的、持续性的想法、冲动或心理意象，并且超出了人为可控的范围。强迫行为是指一种反复出现的行为（比如洗手或检查门是否锁好）或心理活动（比如祈祷或数数），个体感觉被迫或被驱使执行这些行为。

强迫障碍的治疗主要包括药物治疗、认知行为疗法、森田疗法等。除了遵循精神卫生专业工作者制定的治疗方案之外，个体保持健康的生活方式也是非常重要的。

第三节 大学生异常心理的应对

一、正确认识，科学对待

（一）正确认识，切忌贴标签

在互联网时代，从网络上查询心理疾病的相关知识变得更加容易。有些同学在网络上做了心理测评量表或逐条匹配各种异常心理的诊断标准，发现大多数都对应得上，便给自己贴上患有心理疾病的标签，从而变得郁郁寡欢，担惊受怕。需要注意的是，一个人是否心理异常以及患有哪种心理疾病，是需要专业医生综合各种情况才能做出诊断的。如果你主观上感到非常痛苦，认为自己心理可能出现了异常，可以到相关医院进行评估和诊断，而不是随便搜索一些信息，就给自己贴标签。心理疾病的产生是受到生理、社会、心理等多个因素影响的，而不应该被认为是无能、脆弱和失败的。要相信，只要接受规范、科学、系统的治疗，心理疾病患者是能恢复到健康状态的。

（二）科学对待，切忌讳疾忌医

如果真的患有某种心理疾病，严重影响了你的社会功能，让你生活得非常痛苦，那么就要及时到医院接受治疗。有些同学会担心自己被同学认为是“精神有病”而不敢就医；有些同学则存在自我污名，认为生病就是失败，从而产生自卑、焦虑等负面情绪。公众对心理疾病的偏见、歧视，对患者产生拒绝、排挤、不公正对待等负面行为反应，都使得患者不敢面对和承认自己患有某种心理疾病，更是讳疾忌医，从而错过最佳治疗时期。

二、积极配合，促进康复

（一）学习疾病知识

如果你患有某种心理疾病，就应积极主动地学习疾病相关的知识，了解心理疾病的各种症状及形成的原因，学习心理疾病常见的应对方法。通过对疾病的学习，你能够厘清自己的认知、情绪、行为特点，为治疗心理疾病做好准备。

材料12-2
心理治疗方法

（二）遵照医嘱治疗

有些同学能够及时规范地就医，并严格遵医嘱服药、接受心理咨询，个人在生活中积极康复，往往好转得比较快；但有些同学一开始认真就医服药，后来感觉好转了或者因为药物的副作用让自己难受，就自行停药，不再规律就医，结果可能导致疾病反复发作。因此，同学们要正确对待心理疾病，及时接受正规医院的治疗，严格遵循医嘱。

（三）寻求人际支持

如果你患有心理疾病的时候，往往会感到孤独、痛苦，相比其他时候，更渴望得到他人的理解与支持。请在你的人际交往圈子中，找到那些愿意理解你、支持你、安慰你的人，与他们保持联系、获得支持，适度地向他们表达自己内心的想法，这种人际上的良好联结，有助于心理疾病的康复。

三、关心帮助，友善尊重

2022年，全国世界精神卫生日宣传主题为“营造良好环境，共助心理健康”，旨在通过多途径的宣传活动，推动全社会增强心理健康意识，关注心理精神需求，在家庭、学校、工作单位、社区等环境中，营造维护和促进心理健康和精神卫生的良好氛围，提供适宜的心理支持和心理重建服务，提升心理健康和精神卫生水平。

当前社会大众对心理疾病、精神障碍等人群仍然存在污名化的现象。“污名化”是一种标志或标签，表明被标记者具有不受社会欢迎的负面属性，导致其个人价值受损，社会身份被贬抑。“心理疾病污名化”是指由与心理疾病有关的刻板印象引发的社会地位丧失和歧视嘲讽。社会大众的污名化会导致心理疾病患者自尊心受损、心理疾病症状加重、学习和工作困难，让心理疾病患者感觉患病是一种“羞耻”，让本就缺乏社会支持的他们更不敢向外界求助。

活动体验

请查询关于某一类异常心理的资料，了解社会大众对该异常心理的污名化情况，并采取一次友善行动（如知识展、宣讲等形式），降低社会大众的污名化程度。

异常心理资料：____

____

____

污名化情况：____

____

____

友善行动方案及效果：____

____

____

作为一名大学生，我们更应该有所行动。首先，要正确全面地理解患有心理疾病同学的痛苦，能够站在他们的角度，换位思考，体会他们的不易。其次，要积极营造良好的环境，给予他们关心和支持。在他们伤心哭泣的时候，递上一张纸巾；在他们不想讲话的时候，给予他们空间；在他们遇到困难时，给予力所能及的帮助，让他们感受到温暖。最后，要积极行动起来，降低社会对心理疾病的污名化，用你的实际行动，让患有心理疾病的同学感受到来自同学、朋友、社会大众的支持，而不是嘲讽，为他们的康复提供良好的氛围。

自我探索

寻找三件好事

积极心理学家马丁·塞利格曼指出，人们的大脑有一种负面偏好，即总是习惯花更多的时间去想生活中发生的坏事，而忽略生活中那些好的事情。过多地关注负面事件容易让我们陷入焦虑和抑郁，制止这种情况发生的一个方法就是，更多地去想象和品味那些进展顺利的事情。塞利格曼提出了“寻找三件好事”的练习方法，关于这项练习的一个实验证明，虽然只做了一个星期的练习，但是在接下来的六个月里都能感受到更多的快乐，更少的抑郁。同学们也来试试看吧。

具体步骤：

（1）睡前十分钟，回忆今天发生的事情，找出那些值得被记录下来的“好事”；例如，今天傍晚美丽的夕阳，中午吃到的美食，听到了一首老歌，也可以是成功竞选班干部、通过英语四级考试等。

（2）写下第一件“好事”及原因，接着写下第二件、第三件“好事”及原因。

（3）回看一遍自己写下的内容，强化“好事”带给你的美好感觉，并伴随这种美好的体验进入梦乡。

拓展阅读

1.《蛤蟆先生去看心理医生》（作者：罗伯特·戴博德）

如果你为自己负责，就会认识到你对自己是有自主权的

蛤蟆先生从小生长在“没有欢乐”的家庭里，父亲严苛，母亲懦弱。蛤蟆先生从未在父母那里感受到爱与温暖，这让他的内心非常自卑、敏感。他费尽心思讨好别人，可换来的却是横加指责，为了看起来合群，他佯装成热情的嬉皮士，活成了别人的“开心果”。蛤蟆先生彻底颓废后，一度想要轻生，在朋友的推荐下，他开始接受苍鹭医生的心理咨询，勇敢地探索自己的内心世界，也逐渐找回了信心与希望。

罗伯特·戴博德的《蛤蟆先生去看心理医生》一书，借由蛤蟆和心理咨询师苍鹭的互动，探索了蛤蟆自卑、软弱、爱炫耀的个性与抑郁的情绪究竟来自何处，让读者看到童年经历对人格的深刻影响，以及如何才能在心理上真正长大成人，独立、自信、充满希望地生活。

2.《也许你该找个人聊聊》（作者：洛莉·戈特利布）

只有直面自己，才会觉醒

洛莉·戈特利布是美国资深心理治疗师，此书展现了她从治疗师和来访者的双重视角进行心理治疗的过程。作者以回忆录的方式，讲述了四个来访者在咨询室中的故事。在这个温暖、安全的咨询室里，来访者展现出脆弱、真实的一面，也是在这里，他们获得了陪伴和倾听，也获得了宝贵的觉察、成长和改变。作者通过与来访者的对话，不断地告诉我们，不要心存幻想，不要逃避问题，只有抱着积极改变的态度、直面挫折的勇气，才能走出困境和痛苦。不管生活还是学习中，我们都会产生焦虑、痛苦、迷茫、抑郁，独自扛着是那么辛苦，不如找个心理医生聊聊吧。你会发现所有的困境都有出路。

材料13-1
心理漫画第十三话

第十三章 大学生心理危机与生命探索

案例 13-1

小雨和男友异地恋两年了，自认为两人感情很好，虽然平时见面次数不多，但每天都会视频聊天半小时，每天都会互道早安、晚安。这种仪式感，让小雨更加确信两个人的感情稳定。小雨认为，男友是她生活的精神支柱，她现在努力学习，准备考研，都是为了能够和男友到同一个城市继续读书、生活。然而，在某次因为一件小事发生争吵之后，男友决绝地提出了分手，无论小雨如何挽回，男友都再不回头，而且很快，男友就交了新的女友，这让小雨备受打击。她每天都陷在失恋的痛苦中，吃不下饭，睡不着觉，整天以泪洗面，无心学习。她感觉人生再也没有了意义。

案例思考

1. 如果你是小雨的朋友，你会做些什么来帮助她？
2. 对你来说，人生的意义是什么？

第一节 心理危机概述

危机伴随着人一生的发展，没有人能完全避免出现危机状况。有些危机是成长过程中必然会出现的，有些危机则是随机出现的。当代社会，人们的心理问题日益凸显，各种各样的心理危机不断出现，不仅影响到人们的身心健康，更影响着家庭的和谐、社会的稳定。因此，提高对危机的认识，了解危机的表现、类型，把握危机发生的特点，这些对危机的预防和应对至关重要。

一、心理危机的界定

天灾人祸、亲人故去、重大疾病，以及近几年出现的新冠病毒，都给我们带来心理上的痛苦。所谓心理危机，是指个体在生活中突然遭遇重大生活事件时，无法回避却又无法运用通常的应对方式来处理问题时所出现的心理失衡状态。心理危机的发生一般包含引发危机的事件、不足的应对能力和内心的失衡三个方面。

一般来说，引发心理危机的压力事件，不一定是大家都认为的那种重大事件，也可能是一般人看起来无关紧要的小事。压力事件可以是现实中真实发生的，也可以是想象中发生的。对大学生来说，常见的引发心理危机的压力事件主要包括家庭成员的剧烈冲突、情感破裂、学业失败、某种精神障碍发作等。压力事件会受到个体的个性特点、对压力事件的认知、社会支持系统、应对能力因素的影响。也就是说，有些人面对压力事件一蹶不振，产生心理危机；有些人则能够克服困难，在逆境中成长。只有当个体的应对能力无法对抗压力事件，并导致个体心理失衡时，才会发展成心理危机。

二、心理危机的特征

突发性。心理危机的发生常常会出乎我们的意料，引发危机的事件、危机发生的时间和地点，以及危机对个体带来的影响常常都是始料未及的。这个突发性的特点，让我们在遭遇心理危机事件时，会在一段时间内变得慌乱、不知所措。

破坏性。由于在心理危机发生前，我们没有什么心理准备，因此，不论什么性质和规模的危机，都会给个人造成一定的破坏和伤害。有些危机让我们的身体遭受伤害，有些危机则会给我们的内心带来巨大的痛苦。

紧迫性。对一个人来说，心理危机一旦爆发，就像石子投入水中一样，会立即泛起阵阵涟漪，其破坏的能量很快就会爆发，如果不能及时控制，则很容易造成某些损失。

双重性。“危机”一词，包含了“危险”的同时，也包含着“机会”。就像埃里克森说的那样：“危机不再意味着迫在眉睫的大灾难……而是生命中一个必要的转折点，即生命发展中所面临的二选一的决定性时刻，它汇集了成长、复原与更进一步分化时所需要的资源。”

三、心理危机的类型

传统上，心理危机被划分为发展性危机、境遇性危机和存在性危机三类。

发展性危机。发展性危机是指在正常成长和发展过程中，急剧的变化或转变所导致的异常反应。如大学生自我认同建立、职场适应、结婚生子、中年危机、退休等，如果这些时候不能很好地应对，就容易出现危机。

境遇性危机。境遇性危机是指当出现罕见或超常事件，且个人无法预测和控制时出现的危机。比较常见的境遇性危机主要包括遭遇性暴力、失恋、亲人离世、交通事故、重大经济损失等。

存在性危机。存在性危机是指伴随着重要的人生问题，如关于人生的目的、意义、责任、独立性、自由和承诺等出现的内部冲突和焦虑。对生命意义的探索、对自我价值的探寻，常常使得一个人陷入迷茫、混乱中，无法寻找到一个明确的答案，会让一些人产生存在性危机。

心理小贴士

创伤后应激障碍

创伤后应激障碍（post-traumatic stress disorder,PTSD）是指个体在遭遇或对抗重大压力事件后所导致的个体延迟出现的和持续存在的心理障碍。这些经验包括生命遭到威胁、严重物理性伤害、身体或心灵上的胁迫。这类事件包括战争、地震、严重灾害、严重事故等。PTSD发病多在遭受到创伤后数日至半年内。PTSD一度被称为“弹震症”或“战斗疲劳症”。

PTSD的核心症状有三组，即创伤性再体验症状、回避和麻木类症状、警觉性增高症状。创伤性再体验症状主要表现为患者的思维、记忆和梦中反复、不自主地涌现与创伤有关的情境或内容，也可出现严重的触景生情反应，甚至感觉创伤事件好像再次发生一样。回避和麻木类症状主要表现为患者长期或持续地极力回避与创伤经有关的事件或情境，拒绝参加有关的活动，有些患者甚至出现选择性遗忘，不能回忆起与创伤有关事件的细节。警觉性增高症状主要表现为过度警觉、惊跳反应增强，可伴有注意力不集中、激惹性增高及焦虑情绪。

PTSD的发展与许多因素相关，这些因素主要分为家庭、社会心理因素（如性别、年龄、婚姻状况、经济状况、社会地位、工作状况、受教育水平、应激性生活事件、个性特征、防御方式、童年创伤、社会支持等）和生物学因素（如遗传因素、神经内分泌因素、神经生化因素等）。

第二节 大学生常见的心理危机及应对

随着社会的发展，竞争变得日益激烈，学业、情感、家庭、人际关系等不和谐因素的压力使得大学生容易在学习成才、人际交往、求职就业、恋爱情感、人格发展等方面产生心理困惑，甚至陷入心理危机。当代大学生应了解常见的心理危机，知晓导致危机的原因，提前做好预防，提升心理危机的应对能力。

一、了解心理危机的影响因素

心理危机事件的发生，一般会有一定的刺激因素。对大学生来说，常见的引发因素有失恋、亲子冲突、亲人去世、学业失败、经济压力、网络暴力等负性的重大生活事件。当个体自身无法应对这些事件时，就容易产生心理危机。

心理危机的产生除了受负性重大生活事件等诱因影响外，还受到以下四个方面因素的影响。

一是个体对事件的知觉。人们对某件事的认知和主观感受会影响个体的情绪和行为。同样面对考试失利，有些人认为考不好，就意味着自己的能力被否定了，是无法接受的，这样他就会感到十分痛苦，并可能产生心理危机；而有些人认为一次考试失利，并不代表什么，只要以后加倍努力就可以了，因此，情绪上就不会有太大的波动。

二是社会心理支持。人的本质是社会化的，人们依赖周围的人提供的内在、外在支持而存在。对个体而言，拥有强大的社会心理支持，可以在遭遇现实困难时，内心不会感到绝望，因为有人可以给予强大的支持，帮助自己走出困境。而缺乏社会心理支持的人，在遇到困难时，常常需要独自面对，内心往往感到孤独无助，就更容易产生心理危机。

三是应对机制的形成。人们在成长过程中，会习得各种方法来应对焦虑、减少紧张，并逐步形成应对压力的模式。那些被人们运用过的有效的应对方法，会被纳入他们的生活模式中，并逐渐形成人们解决压力的一套有效的应对机制。相反，如果没有恰当的、有效的应对机制，个体的压力或紧张持续存在，则心理危机便会随之产生。

四是个体的人格特征。心理危机会受到个体人格特征的影响，容易陷入危机状态的个体的人格特征主要有：注意力明显缺乏，看问题只看表现看不到本质，过分内向等。这种人格特征使得个体遇到危机时往往瞻前顾后，总会联想到不良后果，在情绪上容易产生波动，自信心低，独立处理问题的能力较弱，行为冲动欠理性。

二、知晓大学生心理危机的信号

有些同学在遭遇危机事件之后，会出现轻生的想法或行为，这是心理危机的极端表现形式。而很多同学之所以会出现轻生的想法或行为，其目的并不是想要结束自己的生命，而只是想要逃离现实中的痛苦。他们常常会释放出一些信号，这些信号也被认为是“求救”信号，以让周围的人识别，并给予帮助。因此，我们如果能够知晓这些信号，并及时对意图轻生的同学给予帮助，对于挽救他们的生命至关重要。

言语上的信号：直接或间接表达轻生的想法，说自己成为别人的负担，表达陷入困境的感觉，表达绝望或无助等，如“我想结束生命，我不想活了”“如果我死了，也不会有人难过，我是别人的累赘”“没有人能帮我，我坚持不下去了”等，或者在朋友圈、微博、日记中流露出死亡的念头。

行为上的信号：把自己珍贵的物品送给别人，无来由地感谢或道歉，在网络上搜索轻生的方式，与身边的人做告别、写遗嘱等。

情绪上的信号：情绪突然变得异常，如绝望、焦虑、抑郁、烦躁、内疚、孤独等。

负性生活事件：当一个人遭遇了重大的负性生活事件，如失恋、遭遇诈骗、亲人去世等，也容易产生轻生的想法。

精神疾病发作：如抑郁障碍、双相情感障碍、精神分裂症等，在疾病发作的时候，个体感觉非常痛苦，也容易产生轻生的想法。

当一个人出现一个或多个异常表现时，我们就要高度重视。如果是自己遭遇以上情况，就要及时求助；如果是同学产生轻生的想法，就要及时给予关心和帮助，避免心理危机事件的发生。

三、掌握心理危机的应对方法

了解心理危机的应对方法，提升自己的应对能力，可以帮助我们顺利地度过危机。

（一）心理危机的自我应对

先安身再安心。当危机事件发生时，很容易带来生理上的不适和生活作息的紊乱，因此，当面对危机的时候，首先保持规律的生活状态，该吃饭时就吃饭，该睡觉时就睡觉，即使吃不下，睡不着，也要尽量做到规律生活；然后试着调节自己的情绪。

寻求人际支持。尽量不要一个人待着，要积极主动地寻求家人、朋友的支持和帮助，请他们给予陪伴、安慰，支持你走过这段难熬的日子。

接纳自己危机下的情绪状态。当危机事件发生后，个体的情绪多多少少都会受到影响，这时不要急着让自己好起来，可以允许自己在这样的状态下待一段时间，让自己有一个接受的过程。

适度宣泄情绪。虽然可以短时间内允许自己存在负面情绪，但不宜沉溺于消极情绪中，还是需要通过一些方式，适度宣泄出来。如可以通过写下来、画出来等方式，将内心的情绪、想法表达出来，也可以借由唱歌、看电影等方式，把积压在内心的痛苦宣泄出来。但不要通过酗酒、物质滥用等消极的应对方式来宣泄情绪，这可能会导致更多的问题。

寻求专业人士的帮助。当自己无法摆脱心理危机时，应及时寻求专业人士的帮助。一般高校都设有心理咨询中心，你可以到学校的心理咨询中心求助，另外，你也可以到相关医院或者拨打心理危机热线进行求助。目前，全国各地开通了不少心理危机热线，你可以通过网络搜索获得。

材料13-2
心理危机热线

（二）帮助他人应对心理危机

当你的同学、朋友遭遇心理危机时，你应给予及时的帮助，为他撑起一把伞，陪他走一段泥泞路，你的关心与支持，对身处危机中的他们来说，无疑是雪中送炭。那么，要如何帮助身处心理危机中的同学呢？

首先要保持冷静，确保当事人的人身安全。先让自己尽量保持镇静，不要慌乱，然后对于身处危机中的同学应做好看护、保护工作，移除可能对其造成伤害的物品，如尖锐物品、药物等，陪伴在当事人身边，以免发生危险。

其次要及时报告，寻求老师的帮助。如果情况紧急，存在安全风险，就要及时与辅导员、班主任联系，请他们第一时间赶到现场开展帮扶工作，必要时也可以报警。不要尝试一个人单独处理，因为心理危机干预是专业性很强的工作，需要交由专业人士去做。

再次要稳定当事人的情绪。在陪伴当事人的时候，少说多听，尽量不要刺激当事人的情绪，可以多鼓励当事人表达自己的诉求。

最后要配合危机干预专家、老师做好相应的工作，并注意对当事人的事情进行保密，尽量避免对当事人造成二次伤害。

生命只有一次，我们要敬畏生命、珍惜生命、保护生命。我们既要尊重自己的生命，也要关心别人的生命安全。同学之间更应该相互关心、支持，携手共渡难关。多年以后，回想起来，你一定会为自己及时伸出的援手而感到欣慰，你也一定会为同学从困境中走出来而感到开心。

第三节 大学生生命意义的探索

案例 13-2

凯文，男，大一，经常思考人这一辈子究竟是在为了什么而活。他家里经济条件尚可，不需要为了生活而努力奋斗。凯文父母对他非常疼爱，鼓励他追求自己想要的生活，他不需要为了父母的期待而活。凯文对自己的专业既不是很喜欢，也不是很讨厌，毕业后就从事专业相关的工作似乎也挺好。凯文朋友很多，并未感觉到孤独。可是，他仍然时常感到迷茫和沮丧。他经常在想，浩瀚宇宙中，渺小的自己，究竟有何价值，人的一生短短几十载，注定都要走向死亡，那么为什么还要努力学习、工作，反正到头来都是一场空。如果注定了结局，那么过程是怎么过的，还有那么重要吗？

不知道你是否也有与案例 13–2 中的凯文一样的烦恼，是否经常思考自己活着的意义究竟是什么。大学阶段正是一个人思考和探索人生意义与价值的年龄。不少大学生都会思考："我是谁？""我要过一个怎样的人生？""我到底要做什么？""怎样才能活的有价值？""活着的意义是什么？"常常有同学进入大学之后，就失去目标，开始迷茫："读书究竟有没有用？""我每天忙忙碌碌、浑浑噩噩，感觉毫无意义。"这些都是常见的对生命意义的思考。

生命意义是指一个人对自己、对他人、对社会的意义或价值的主观评价。一个拥有积极生命意义的人，通常会觉得自己有存在的价值，能够积极应对生活中的困难和挑战，并保持心理健康。相反，一个生命意义消极的人，可能会感到无助、孤独和绝望，从而导致心理健康问题。

一、生命意义与心理健康

生命意义和心理健康之间有着密切的联系。美国心理学家塞利格曼指出，生命意义是健康最有力的指向标，是沮丧和精神机能障碍的负向指标。一个人越是能感受到生命的意义，活得越快乐满足，抑郁的概率也越低。马斯洛在心脏病突发被抢救过来后，他感叹道，面对死亡又暂时从死亡中解脱，使得世间一切事物显得如此珍贵，如此神圣，如此美丽。马斯洛的亲身经历让他体会到了生命的宝贵，并更加热爱生命。

生命意义和情绪健康之间存在明显的正相关关系。生命意义能够持续地预测心理健康，积极情绪与生命意义体验存在紧密关系。生命的意义可以给人带来积极的情绪情感，更容易让我们体验到幸福，也会让我们的生活变得更快乐。

生命意义能够帮助个体应对挫折。当人们处于苦难中时，如果内心有着明确的意义，就更容易熬过苦难，积极地面对生活。正如身处奥斯威辛集中营的奥地利著名心理学家维克多·弗兰克尔、卧薪尝胆的越王勾践，他们在艰难的生活中，依靠对未来生活的希望，坚持了下来，并都取得了非凡的成就。

生命意义和心理健康是相互影响、相互作用的。一个拥有良好心理健康的人，通常能够更好地应对生活中的压力和挑战，更容易获得积极生命意义。相反，拥有不良心理的人，可能会对生命的意义产生负面影响。一个人的生命意义会影响其心理健康，而心理健康也会影响其对生命意义的认知和评价。为了保持身心健康，我们需要同时关注这两个方面，并积极探索和寻找生命意义，保持良好的心理健康状态。

二、探索生命价值

对于生命的意义和价值，中国古代的先人们在不断的思考中顿悟，不断进行探索，以寻找生命的真谛。“路漫漫其修远兮，吾将上下而求索。”这是屈原对生命的渴望与尊崇；“朝闻道，夕可死矣！”这是孔子对生命的尊重；“生，我所欲也，义，亦我所欲也。二者不可兼得，舍生而取义者也。”这是孟子对生命的一番精辟论述。北宋时期大学者张载提出，“为天地立心，为生民立命，为往圣继绝学，为万世开太平”，成为广大儒生追求的人生理想。

存在主义心理学认为，生命就像一张白纸并不具有与生俱来的意义，我们虽无法寻找到意义，但我们可以创造意义。我们通过自由选择，在这张白纸上作画，从而创造出属于我们自己的独特意义。意义本身并不是客观的，而是在精神世界中建立起来的，是一种主观层面的感受。著名存在主义学家欧文·亚隆认为，宇宙本身是随机的，并不提供意义，人们必须构建自己的意义。弗兰克尔认为，每个人需要承担起责任去发现属于自己的人生意义。他们都在告诉我们，不用盲目地去寻找意义，而要根据自己的人生去构建意义。你可以赋予学习以“为中华之崛起而读书”的意义，也可以赋予学习以“知识改变命运”的意义，当然你也可以赋予好好学习以“为家人谋取更好生活”的意义。

（一）明确了人生的目标，生命就有了意义

人是有目的性的动物，有目的地生活才会感觉有意思、有希望。回想一下自己高中三年的生活，是不是最充实、最有动力，也是感觉生活最有劲的一段时间？原因就在于，那个时候你有非常清晰且重要的目标，并为了这个目标而努力。但是上了大学之后，部分人因没有了那个为之奋斗的目标，失去了前进的方向，而感到迷茫。因此，进入大学之后，应尽早明确奋斗目标，并围绕这个目标努力。人一旦明确了人生目标，一切行为就有了意义，无论是学习还是工作，你都会全力以赴，并从内心感受到生活

的充实。

案例 13-3

屠呦呦一辈子最大的梦想就是，用古老的中医药促进人类健康，让全世界的人都能感受到它的好处。她说："我这一辈子想的，就是老老实实把科研做好，把课题做好，希望把青蒿素的研究做得更深入，开发出更多药物，造福更多人，这也是我的兴趣所在。"屠呦呦一生都在为消除疟疾而努力做研究，她在科学研究中成功提取到了青蒿素和双氢青蒿素，有效提高了疟疾患者的治愈率，并降低了疟疾患者的死亡率，她也成为第一位荣获诺贝尔科学奖项的中国本土科学家。

在案例 13-3 中，屠呦呦非常清楚自己的目标，并一直坚持在实现目标的道路上，从而取得了瞩目的成就。她 60 多年致力于中医药研究实践，带领团队攻坚克难，提取了青蒿素，解决了抗疟难题，为人类健康事业做出了重要贡献。

活动体验

请结合自己的实际情况，给自己的大学生活制定一个目标吧！

想一想，要怎么做才能实现这个目标？依据自己制定的目标，规划一下自己的具体行动。

（二）认识到生命的珍贵，就能活出生命的价值

"人最宝贵的是生命，每个人的生命只有一次""每当回忆往事的时候，能够不为虚度年华而悔恨，不因碌碌无为而羞愧"，这是保尔·柯察金对生命的热爱与珍惜。

在奥斯威辛集中营幸存下来的弗兰克尔，在糟糕的环境、危险降临的时候，也没有放弃自己的生命，反而在那段艰难的日子里发展了其意义疗法。他认为："生活并非弗洛伊德所宣扬的那样，只是简单地祈求快乐，也并非阿德勒所教导的那样，只是为了争夺权力，人活着的目的是寻找生命的意义。"弗兰克尔指出，人们可以通过三个途径来寻找生命的意义：工作（做有意义的事情）、爱（关爱他人）以及拥有克服困难的勇气。当我们可以通过学习、工作创造出价值，充分发挥我们的才能时，我们就会感觉到生命的意义；我们也可以通过努力让家人过上幸福的日子，来实现生命的价值，当我们心中有所爱之人，就会充满希望和力量地生活；我们还可以通过付出爱心，帮助世界上那些需要关心和帮助的人，来实现自己的价值。赠人玫瑰，手有余香，能够给别人带来幸福和帮助，有时候比接受别人的帮助更让我们感到有价值和幸福。虽然你的生活一直非常艰难，一直处于迷茫、痛苦中，但是我们仍然可以培养克服困难的勇气，用苦难来历练自己的内心。我们并不是要通过追求痛苦来获得意义，而是当苦难不得

不面对时，我们仍然可以从中寻找到意义。总之，每个人的生命都具有极大的价值，我们要珍惜生命、尊重生命，并让其发挥应有的价值。

（三）勇于担负自己的责任，就能活出精彩的人生

作为一名大学生，我们肩上的责任有哪些？作为子女，我们需要承担起什么责任？当我们意识到自己应当担负的责任，为什么需要担负这些责任，以及为谁负责的时候，就能意识到生命所存在的潜在意义。生命的意义并不是在一次次地朝向内心的询问中获得的，而是需要走到世界中去探寻的。弗兰克尔说，人之所以为人，是因为他总是指向某种事物或某个人（自己以外的人），不论是作为有待实现的意义还是需要面对的他人。人们越是忘记自己，越是能够投身于某种事业，或献身于所爱的人，他就越能实现自己的价值。

案例 13-4

张桂梅在看到很多农村女孩因为家庭贫困、早早辍学时感到心痛，她四处奔波，筹集资金，经过多方努力，建立了丽江华坪女子高级中学，这是全国第一所免费的女子高级中学，专门供贫困家庭的女孩读书。张桂梅自己身患多种疾病，但是她拖着病体坚守三尺讲台，用爱心和智慧点亮万千乡村女孩的人生梦想。张桂梅通过她的辛苦付出及不计回报的奉献精神实现了自己的人生价值，她用自己辛勤的一生给了众多女孩一个改变自己命运的机会。

在案例 13–4 中，张桂梅是一名信念坚定的共产党员，也是一名敬业奉献的人民教师。她一心为大山的女孩走出大山而努力，用自己的爱心和锲而不舍的努力，帮助大山里的女孩实现人生的梦想，也在帮助别人的过程中，实现了自己的人生价值。当一个人开始全心全意投入某件事情中，愿意为某个所爱之人付出的时候，他就找到了精彩人生的通道。

案例 13-5

冰冰，女，大三，出生在一个贫困的家庭，考入大学后，因为家庭贫困交不起学费，她就在寒暑假、周末和平时没课的时候外出兼职，赚取自己的学费和生活费。当别的同学在学校里玩手机的时候，她在画室里做小老师；当同学们放假休息时，她则把自己的打工生活安排得满满的，没有一天休息。就这样，她靠着自己的努力，不仅实现了经济上的独立，还能有一些结余补贴家用。

在案例 13–5 中，冰冰性格开朗外向，从来不抱怨自己的父母没能力给她更好的生活，反而非常感激父母对她的爱，她从来不看自己没有什么，而是通过双手来争取自己想要的。

我们经常看到吃喝不愁、生活无忧的同学，抱怨父母不能给更多的爱、更多的钱；

我们经常看到每天刷着手机、玩着游戏的人抱怨生活无聊。同时，仍然有那么一些同学为了学好专业知识天天待在图书馆；有些同学在照顾好自己的生活之余，愿意去帮助一些弱势儿童；有些同学为了减轻父母的负担，通过自己的努力去赚取生活费、学费。所以，你也可以像他们一样，过有价值的人生，活出自己的精彩。

自我探索

生命故事

有些人通过写书来告诉我们生命的宝贵，有些人通过拍电影来呈现生命的价值，还有人通过音乐来赞美生命。请你寻找与生命有关的一本书、一部电影和一首歌曲，然后认真阅读、观看和聆听，并把你的感受写下来。

关于生命的图书：____________________

____

关于生命的电影：____________________

____

关于生命的歌曲：____________________

____

拓展阅读

1.《活出生命的意义》（作者：维克多·弗兰克尔）

你无法控制生命中出现什么，但你可以控制自己面对他们的态度

这是一本讲述生存问题的书。在 20 世纪 30 年代，作者弗兰克尔和其他许多犹太人被关进了臭名昭著的奥斯威辛集中营，在那一段受尽折磨、暗无天日的苦难岁月中，弗兰克尔在苦难中寻找意义，在艰难的环境中依靠对家人的爱奇迹般地活了下来。弗兰克尔把这段经历写了下来，并探索了意义疗法，帮助那些生活失去意义的人们寻找属于自己人生的意义。

2.《活着》（作者：余华）

人为了活着本身而活着

“老人黝黑的脸在阳光下笑得十分生动，脸上的皱纹欢乐地游动着，里面镶满了泥土，就如布满田间的小道”，作者通过福贵历尽世间沧桑和磨难的一生，讲述了人是为了活着本身而活着的，而不是为了活着之外的任何事物而活着。讲述了一个人和他的命运之间的友情，这是最为感人的友情，因为他们相互感激，同时也相互仇恨，他们谁也无法抛弃对方，也没有理由抱怨对方。余华未用煽情的文字，却让人感受到了生活的厚重。这是一部值得我们多次诵读的经典著作。

参考文献

[1] 埃里克森. 童年与社会[M]. 高丹妮，李妮，译. 北京：世界图书出版公司，2018.

[2] 安芹，吴玉珅，王茹，等. 青少年自我分化与亲子关系、同伴关系：有调节的中介效应[J]. 中国临床心理学杂志，2018，26（5）：1026–1029，1033.

[3] 曹晓君，代莉. 大学生人际交往能力与生活满意度的关系[J]. 中国健康心理学杂志，2020，28（6）：914–918.

[4] 畅肇沁. 大学生学习特点探究[J]. 山西师大学报（社会科学版），2010，37（5）：131–133.

[5] 陈海燕. 大学生人际交往能力的培养路径研究[D]. 太原：山西农业大学，2013.

[6] 陈红，邵景进. 大学生心理健康教育：微课版[M]. 北京：人民邮电出版社，2021.

[7] 陈娟. 大学生心理健康：体验与训练[M]. 重庆：重庆大学出版社，2017.

[8] 陈琦，刘儒德. 当代教育心理学[M]. 3版. 北京：北京师范大学出版社，2019.

[9] 戴丽，吴晓玮，周宁. 大学生心理健康教育[M]. 北京：科学出版社，2011.

[10] 邓伟志，徐新. 家庭社会学导论[M]. 2版. 上海：上海大学出版社，2020.

[11] 段鑫星，赵玲，李红娇. 大学生心理健康教育[M]. 4版. 北京：科学出版社，2018.

[12] 樊富珉，费俊峰. 大学生心理健康教育十六讲[M]. 2版. 北京：高等教育出版社，2020.
[13] 费尔德曼. 发展心理学：人的毕生发展[M]. 4版. 苏彦捷，译. 北京：世界图书出版公司，2007.
[14] 冯忠良，伍新春，姚海林，等. 教育心理学[M]. 3版. 北京：人民教育出版社，2015.
[15] 傅小兰. 情绪心理学[M]. 上海：华东师范大学出版社，2016.
[16] 高程，刘昌. 考试焦虑的产生、作用机制及干预研究综述[J]. 中国考试，2021（6）：78-85.
[17] 高建波，刘燕鸣. 基于职业生涯规划背景下的高职新生适应力培养研究[J]. 职业论坛，2016（23）：33-36.
[18] 高全宝，范文俊. 构建大学生和谐人际关系的理性思考[J]. 内蒙古师范大学学报（教育科学版），2014，27（1）：47-49.
[19] 格里格，津巴多. 心理学与生活[M]. 王垒，等译. 北京：人民邮电出版社，2014.
[20] 孤草. 逆境心理学[M]. 北京：大众文艺出版社，2001.
[21] 韩玲. 大学生网络成瘾的成因与干预方式研究[J]. 科教导刊，2021（26）：187-189.
[22] 贺淑曼，等. 健康心理与人才发展[M]. 北京：世界图书出版公司，1999.
[23] 胡宇南，罗映光. 大学生挫折教育及阳光心态培育研究[J]. 思想理论教育导刊，2015（1）：110-113.
[24] 黄成毅. 大学生成人依恋与恋爱效能感、情感倦怠的关系研究[D]. 哈尔滨：哈尔滨师范大学，2012.
[25] 黄琼，周仁来. 中国学生考试焦虑的发展趋势：纵向分析与横向验证[J]. 中国临床心理学杂志，2019，27（1）：113-118.
[26] 黄咸强. 高校挫折教育的现状、问题及成因分析[J]. 教育探索，2009（3）：67-68.
[27] 霍克. 改变心理学的40项研究[M]. 7版. 白学军，译. 北京：人民邮电出版社，2018.
[28] 加涅. 学习的条件和教学论[M]. 皮连生，王映学，等译. 上海：华东师范大学出版社，1999.
[29] 江光荣. 大学生心理健康素养[M]. 长沙：湖南师范大学出版社，2020.
[30] 姜亦玲. 心理学视域下提高适应能力的有效策略[J]. 文理导航（下旬），2015（12）：7.
[31] 金树人. 生涯咨询与辅导[M]. 北京：高等教育出版社，2007.

[32] 柯维，罗杰·梅里尔，丽贝卡·梅里尔. 要事第一[M]. 刘宗亚，王丙飞，陈允明，译. 北京：中国青年出版社，2003.
[33] 雷雳，王争艳，李宏利. 亲子关系与亲子沟通[J]. 教育研究，2001，22（6）：49–53.
[34] 李丹黎，张卫，李董平，等. 父母行为控制、心理控制与青少年早期攻击和社会退缩的关系[J]. 心理发展与教育，2012，28（2）：201–209.
[35] 李宏翰，赵崇莲. 大学生的人际关系：基于心理健康的分析[J]. 广西师范大学学报（哲学社会科学版），2004（1）：116–121.
[36] 李利利，刘江，陶磊，等. 西安市某985高校大学生心理压力感基本特点与应对方式的研究[J]. 中国健康教育，2017，33（4）：342–345.
[37] 李霞，王聪，黄子鉴. 大学生心理健康教育[M]. 大连：大连理工大学出版社，2016.
[38] 李学容，李彬彬. 大学生心理健康[M]. 北京：科学出版社，2020.
[39] 李泳仪. 网络时代大学生人际交往行为研究[D]. 长沙：湖南师范大学，2014.
[40] 李月彤. 网络娱乐对大学生学习绩效的影响研究[J]. 国际公关，2021（8）：145–147.
[41] 李振. 大学生防范网络诈骗及治理措施探析[J]. 法制博览，2022（15）：21–23.
[42] 林崇德. 发展心理学[M]. 3版. 北京：人民教育出版社，2018.
[43] 刘电芝，黄希庭. 学习策略研究概述[J]. 教育研究，2002（2）：78–82.
[44] 刘娟. 大学生人际交往关系问题研究[D]. 太原：山西财经大学，2014.
[45] 刘柳，聂少杰，苗一梅. 大学生心理健康教育[M]. 北京：中国林业出版社，2020.
[46] 刘文华. 地方高校大学生网络依赖的主观致因管理[J]. 甘肃高师学报，2020，25（1）：31–33，37.
[47] 刘小玮. 大学生人际交往问题研究[D]. 兰州：兰州理工大学，2014.
[48] 刘烨，王思睿，傅小兰. 5种基本情绪的心肺系统生理反应模式[J]. 计算机研究与发展，2016，53（3）：716–725.
[49] 刘莹，董云英，周仁来. 高中生考试焦虑程度、原因及表现的调查[J]. 东南大学学报（哲学社会科学版），2008（S1）：271–274.
[50] 卢家楣，刘伟，贺雯，等. 中国当代大学生情感素质的现状及其影响因素[J]. 心理学报，2017，49（1）：1–16.
[51] 陆璐，姚本先. 大学生的自我意识及其对心理健康的影响[J]. 中国电力教育，2007（11）：116–117.
[52] 罗双平. 职业生涯规划的含义及其形态[J]. 中国青年研究，2003（8）：5–6.
[53] 罗双燕，王霞. 大学生心理健康教程[M]. 武汉：湖北教育出版社，2016.

[54] 罗跃嘉，林婉君，吴健辉，等. 应激的认知神经科学研究[J]. 生理科学进展，2013，44（5）：345-353.

[55] 骆风，陈秋梅，刘惠良. 家长心理健康、亲子关系及其对子女心理健康影响的调查研究[J]. 教育研究与实验，2011（6）：93-96.

[56] 马建青. 大学生心理健康教程[M]. 3版. 杭州：浙江大学出版社，2021.

[57] 马珺. 大学生职业生涯规划教育的现状与对策研究[J]. 科教文汇（上旬刊），2015（6）：141-142.

[58] 马利军，黎建斌. 大学生核心自我评价、学业倦怠对厌学现象的影响[J]. 心理发展与教育，2009，25（3）：101-106.

[59] 美国精神医学学会. 理解DSM-5®精神障碍[M]. 夏雅俐，张道龙，译. 北京：北京大学出版社，2016.

[60] 孟昭兰. 情绪心理学[M]. 北京：北京大学出版社，2005.

[61] 纳皮尔，惠特克. 热锅上的家庭：原生家庭问题背后的心理真相[M]. 李瑞玲，译. 北京：北京联合出版公司，2015.

[62] 倪嘉波. 大学生挫折心理分析及教育对策[J]. 黑龙江高教研究，2008，（3）：133-134.

[63] 聂振伟. 大学心理[M]. 北京：中国人民大学出版社，2009.

[64] 潘馨馨. 大学生对心理咨询的态度及群体差异性的调查研究[J]. 校园心理，2019，17（3）：188-189.

[65] 彭聃龄. 普通心理学[M]. 5版. 北京：北京师范大学出版社，2019.

[66] 瞿珍. 大学生心理健康[M]. 上海：华东理工大学出版社，2018.

[67] 任琳. 基于健康理念的大学生心理发展教育研究[M]. 长春：吉林人民出版社，2021.

[68] 萨提亚. 萨提亚家庭治疗模式[M]. 2版. 聂晶，译. 北京：世界图书出版有限公司，2019.

[69] 萨提亚. 新家庭如何塑造人[M]. 2版. 易春丽，叶冬梅，等译. 北京：世界图书出版有限公司，2018.

[70] 桑志芹，魏杰，伏干. 新时期下大学生心理健康标准的研究[J]. 江苏高教，2015（5）：27-30.

[71] 沈士梅. 当代大学生的情绪特点与调节[J]. 山东大学学报（人文社会科学版），2002（3）：68-70.

[72] 宋璐，罗向晗，饶浏雯. "00后"大学生的心理和行为特点：基于微博内容分析[J]. 教育教学论坛，2020（53）：102-104.

[73] 隋幸华，郭志敏. 论大学生学习挫折心理产生的原因及预防[J]. 邵阳学院学报

（社会科学版），2008（3）：37-38.
[74] 孙晓敏，薛刚. 自我管理研究回顾与展望[J]. 心理科学进展，2008（1）：106-113.
[75] 孙旭媛. 浅谈“00后”大学生心理特点及其心理健康教育工作模式突破[J]. 教育现代化，2020，7（5）：193-194.
[76] 陶国富，王祥兴. 大学生挫折心理[M]. 上海：立信会计出版社，2006.
[77] 陶云. PQ4R——一种有效的学习方法[J]. 云南教育，1992（Z2）：25.
[78] 田锐. 期望与效果：家庭教育中的亲子冲突及其化解[J]. 基础教育参考，2021（12）：8-11.
[79] 王继玉. 大学生孤独心理的内隐特性及干预研究[D]. 徐州：徐州师范大学，2011.
[80] 王晓明，周爱保. 自我意识与健康人格[J]. 内蒙古师范大学学报（教育科学版），2004（4）：87-89.
[81] 王晓芹. 浅谈青少年网络娱乐功能使用的家庭监管[J]. 大众心理学，2019（2）：36-37
[82] 王晓霞，刘丽. 学生考试焦虑研究综述[J]. 教育理论与实践，2006，（10）：29-31.
[83] 王雪莹. 大学生挫折教育研究[D]. 大连：辽宁师范大学，2017.
[84] 温义媛，曾建国. 留守经历对大学生人格及心理健康影响[J]. 中国公共卫生，2010，26（2）：146-147.
[85] 文瑞玲. 大学生人际交往能力与主观幸福感的关系研究[D]. 重庆：西南大学，2019.
[86] 吴文君，向小平. 大学生同伴交往与心理健康的关系：人际交往能力的中介作用[J]. 中国健康心理学杂志，2020，28（4）：585-591.
[87] 吴燕霞. 大学生情绪表达的现状、影响因素及其干预研究[D]. 上海：上海师范大学，2017.
[88] 武志红. 为何家会伤人[M]. 北京：北京联合出版公司，2014.
[89] 夏翠翠. 大学生心理健康教育：慕课版[M]. 2版. 北京：人民邮电出版社，2019.
[90] 谢紫晴，陈炯桦，陈海松. 探析高校大学生对心理咨询的态度：以广州工商学院为例[J]. 智库时代，2019（43）：137-138.
[91] 许波，车文博. 当代心理学发展的一种新取向：进化心理学[J]. 心理科学，2004（1）：236-238.
[92] 闫祥林，李阿特，邢鹏，等. 高校在校生厌学现象相关因素实证研究：基于南京市9所高校1032份问卷的调查[J]. 南京农业大学学报（社会科学版），2013，13（5）：104-110.

[93] 阎美霞. 让赞美之声充盈我们的课堂[J]. 现代教育科学（中学校长），2008（6）：58–59.
[94] 杨秀君. 大学生学习挫折的现状调查与对策分析[J]. 高教探索，2013，（1）：125–128.
[95] 叶丽霞. 从心理学角度分析亲子关系的影响因素[J]. 文学教育（下），2017（7）：183.
[96] 岳晓东. 登天的感觉[M]. 合肥：安徽人民出版社，2011.
[97] 张敏生，谭娟辉. 大学生心理健康教育与训练[M]. 北京：中国轻工业出版社，2019.
[98] 张日昇. 咨询心理学[M]. 2版. 北京：人民教育出版社，2009.
[99] 张荣伟，柯少菁，连榕，等. 人际交往能力与生命意义的关系：孤独感和年级的作用[J]. 心理发展与教育，2020，36（5）：576–583.
[100] 张旭东，车文博. 挫折应对与大学生心理健康[M]. 北京：科学出版社，2005.
[101] 张彦云，陈月苹，孙淑荣. 大学生心理健康教育与职业规划[M]. 北京：北京师范大学出版社，2019.
[102] 赵郝锐. 大学生的原生家庭与心理适应[M]. 银川：宁夏人民教育出版社，2018.
[103] 钟谷兰，杨开. 大学生职业生涯发展与规划[M]. 2版. 上海：华东师范大学出版社，2016.
[104] 钟向阳. 大学生挫折管理与辅导[M]. 北京：北京师范大学出版社，2010.
[105] 周海丽，陈盈，蒋南牧. 心灵成长手册：大学生心理健康教育[M]. 广州：华南理工大学出版社，2020.
[106] 周显晶，冯宁. 大学生心理健康教育[M]. 北京：中国电力出版社，2021.
[107] 朱强. 家庭社会学[M]. 武汉：华中科技大学出版社，2012.
[108] 祝蕊. 结构式家庭治疗的理论及其应用评析[J]. 社会心理科学，2007（Z2）：48–51.
[109] Barlow D H，Durand V M. 异常心理学[M]. 4版. 杨霞，等译. 北京：中国轻工业出版社，2006.
[110] Judith S. Beck. 认知疗法基础与应用[M]. 2版. 张怡，等译. 北京：中国轻工业出版社，2013.
[111] Rechard O’Connor. 走出抑郁，让药物和心理治疗更有效[M]. 2版. 张荣华，译. 北京：中国轻工业出版社，2014.

后记

党的二十大报告中提出，“推进健康中国建设，把保障人民健康放在优先发展的战略位置”，并提出要“重视心理健康和精神卫生”。新时代我国心理健康教育发展可期，但任重而道远。针对青少年的心理健康，教育部办公厅印发的《关于加强学生心理健康管理工作的通知》指出：“加强心理健康课程建设。发挥课堂教学主渠道作用，帮助学生掌握心理健康知识和技能，树立自助互助求助意识，学会理性面对挫折和困难。要求高校面向本专科生开设心理健康公共必修课。”目前，大部分高校均开设了心理健康教育公共必修课程，在授课的过程中，不断完善课程内容，教学方法更贴近大学生生活实际。

《大学生心理健康与发展》正是在此背景下编写而成的。本教材涵盖了大学生常见的心理健康议题，分别为心理健康导论、适应心理、学习心理、自我意识、家庭关系、人际关系、恋爱关系、情绪管理、网络心理、职业规划、挫折应对、异常心理、心理危机及生命探索。本教材把家庭关系这一主题作为单独的一章，主要是因为家庭对一个人的心理健康成长具有举足轻重的作用。在多年的心理课程、心理咨询的经验中，笔者发现，家庭困扰是引发大学生心理健康及心理危机的重要原因之一。

互动性、趣味性和工具性是本书的主要特色。教材以案例的形式，结合各章主要内容，呈现大学生常见的心理困扰，以引发学生的共鸣与思考。每章设置了活动体验环节，帮助学生在阅读过程中，结合自己的实际情况，进行自我分析和觉察，使得学生与教材内容有进一步的互动。书中加入了一些心理自我调适技巧的介绍，为学生在日常生活中自己调适心理困扰提供参考；在每章最后，设置自我探索和拓展阅读书目，进一步促进学生的行动和思考。作为一本新形态教材，每章还插入了原创漫画、视频和文档材料，使得教材变得更加丰富和有趣。

本教材的编写团队成员都是具有丰富心理健康课程教学经验的老师。由高秀苹、谢凌云、严伟伟、林依爽担任主编，董弋芬、胡韩瑜担任副主编。全书共13章，具体分工如下：第一章、第十二章和第十三章由高秀苹编写，第二章由衡秋歌编写，第三章和第八章由胡韩瑜编写，第四章和第七章由茹彦杰编写，第五章由王昭编写，第六章由周晓优编写，第九章由赵青芳编写，第十章由朱砚屏编写。全书由高秀苹撰写大纲和写作要求，谢凌云、严伟伟、林依爽一起参与全书的统稿和定稿工作，董弋芬和胡韩瑜分别对各章节进行了审稿、统稿。感谢每一位参与编写和统稿老师的辛勤付出！

本教材得以顺利编写和出版，要特别感谢学校创新创业学院和学工部领导的大力指导和支持！感谢校外专家张敏生老师和周文霞老师对本书内容提出的专业性意见和建议，感谢每一位参与统稿和编写老师的辛苦付出！在编写过程中，借鉴和吸收了国内外专家学者的研究成果，虽然在参考文献中已经有所体现，但是难免有所疏漏。由于编者水平有限，书中难免存在诸多不足，热忱欢迎同行专家和读者批评指正，以便今后修订和完善。

编 者

2023年5月